’60s～’80sのライフスタイルをのぞく

レトロ家電デザイン

ジェロ・ジーレンス 著

gestalten

g

Table
Contents
Of

目次

ソフトエレクトロニクス
家事労働の担い手の解放
Soft
家電製品はキッチンの
定番となっただけでなく、
社会を新たな未来へと駆り立てた。
Electronics
The
Liberation
of Labor

デザインには、時代を表すシンボルとなる特別な力が備わっている。デザインの多くは、それが誰にどのように使われたのか、人間の営みを探る手がかりを与えてくれる。家庭のためのデザインは、暮らしの変遷を映す鏡となり、家族という構造内のジェンダーによる役割を、時代ごとに浮き彫りにする。

欧米では第二次世界大戦終結まで、製品のデザインといえば実用性が主であった。装飾性は問題にされず、ブランドとしてのスタイルも気にせず、花形デザイナーはいなかった。1945年に終戦を迎えると、その後現れた新しい軍用品や技術によって状況が変わりはじめる。機能と同様に、かたちも重要になったのだ。そして、機械は家庭にも到来した。

1960年代は、いろいろな意味で常日頃から取り沙汰されるが、文化としてはもはや既に過去のもので、それはちょうど、激動の60年代には20世紀初頭が遠い昔に見えたのと同じだろう。60年代は、社会がさまざまな未来を思い描いた時代で、嵐のような移行期だった。家庭では依然として女性を主婦とみなしていたものの、いたるところで物事が変化していた。戦後の経済は安定し、家庭の平均収入は増えた。家族のなかで、特に女性が、毎日余暇を楽しめる未来に思いを馳せるようになる。これを好機とみたムリネックスやブラウンのような企業は、未来を叶える手助けをしようと、便利な家電製品（本稿で“ソフトエレクトロニクス”と呼ぶ機器）の開発に乗り出した。家事や雑用の時間と労力を、最小限にすると謳った家電が登場したのである。

「ソフトエレクトロニクスは、女性のために考案された製品です」。こうした意味をもつソフトエレクトロニクス、という言葉の考案者で、本書を構成する製品をコレクションしているジェロ・ジーレンスは言う。「一方で、男性向けにデザインされた、オーディオ／ビデオ設備・機器を、私は“ハードエレクトロニクス”と呼んでいます」。ソフトエレクトロニクスのデザインには、ジーレンスの言葉で言うならば、「特定の基準（ベースライン）」がある。それに則って、使いやすく、暮らしの場で見栄えの良い製品であることが求められる。また、作業を楽にしたぶん別の手間が生まれないように、手入れは簡単でないといけない。

プラスチックが普及すると、主要ブランドは、新製品開発にますます積極的なマーケティング部門の後押しで、競合他社と見分けがつくような色づかいで製作するようになった。同じ商品で色違いがあることは、実に画期的だった。フランスのメーカー、ムリネックスの各種商品は、同じものでも色違いで2種類あったが、同じくフランスのセブや、ドイツのメーカー、ロウェンタには、ほとんどカラーバリエーションがなかった。オランダの企業、フィリップスは、新製品への改良のサイクルにあわせて、その一環として色を変えるだけだった。

便利な家電製品の開発に各社が乗り出し、家事や雑用の時間と労力を最小限にする、と謳った家電が登場した。

ソフトエレクトロニクスと呼ぶ家電は、贈りものとして購入することが多い点を考えると、パッケージも極めて重要になる。店先で魅力的に見えて、ギフトとして買うにふさわしい特別な感じの商品が求められた。多くはマーケットに登場したばかりの新製品なので、ブランドとしての確立を狙うなら、パッケージの箱を通じて中身をわかりやすく説明し、売れ行きを重視する必要があった。「こうして初めて、消費者向けの電気製品を、パッケージに入れて並べるようになったのです」とジーレンスは言う。「それまでは、こうしたブランド化の取り組みは、食品や洗剤などの日用雑貨だけでした」

商品が次々と市場に現れると、電気製品を扱う店は、そのユーザーである主婦に最新の技術を知ってもらおうと、使いかた教室を開いた。人気の女性誌の紙面には、家電製品そのものについての記事や商品の紹介があふれていた。家電のテレビコマーシャルに出演するのは女性で、依然としてステレオタイプなジェンダー観で、商品を販売しようとしていたことがわかる。

女性の解放はいくつかのキッチン家電のおかげである、とは言いがたいし、むろん正確には言いきれない。だが、女性がどのように家事をこなすのか、その改善にはどうしたらよいかという点に、ようやく目が向けられるようになったのは事実であり、そのインパクトは大きかった。

ジェレミー・グリーンウッドは、2019年の著書『Evolving Households(進化する家庭)』で、技術的な進歩は、産業への影響と同等に、家庭にも大きな影響をもたらしたと論じる。グリーンウッドは、働く既婚女性の増加、結婚件数の減少、出生率の変化といった動向に目を向け、日常生活の劇的な変化を観察したうえで、こうしたことは、時代ごとに家庭内でテクノロジーが発展してきた結果だと推論した。

「1800年代、アメリカの多くの家庭では、母親が6人の子どもに囲まれて家事をしていた」とグリーンウッドは序文に記す。「水道も電気もセントラルヒーティングもない環境での家事は、重労働だった。第二次産業革命が、電力をもたらして、家事の労力を軽減する家電の導入につながった。さらに、機械が重労働を担うようになったため、労働市場では体力的な屈強さの価値が下がっていった。こうした展開が、既婚女性を家庭から解放したといっても過言ではない」

グリーンウッドの見かたで言うと、かつて思い描いた未来の家庭は実に贅沢で、やがては卵をゆでるのもマヨネーズをつくるのもプラスチック製の小型調理機器に任せられることになりそうだった。実情を振り返って見ると、その手の調理機器の多くはあまり役に立たなかったようだ。今日の常識からしても、手作業でも効率的にできるポテトの角切りのためにマシンを使うのは、おそらく理解しがたいと思う。機械は洗う手間がかかるが、手と包丁は、簡単に洗って乾かせる。

おかしな話だが、実は女性の暮らしの向上を謳ったこうした製品をデザインしたのは、当時はキッチンと無縁だった男性たちだ。「だから、物によっては、出来の良くないデザインがあるのでしょう。女性が何を求め、製品をどう使うのが理想的なのか、理解していないデザイナーもいましたから」と、ジーレンスは説明する。

エッグボイラーやマヨネーズメーカー、ポテト角切り器は廃れたようにもみえるが、時の試練に耐えられなかったものばかりではない。あるデザイナー、具体的には、ディーター・ラムスによる商品は、主婦のニーズに的確に応えてきたようで、彼がドイツのブラウン社で生みだした多くの商品が、今日でもブラウンのカタログに掲載されている。

TRAVLER

Light

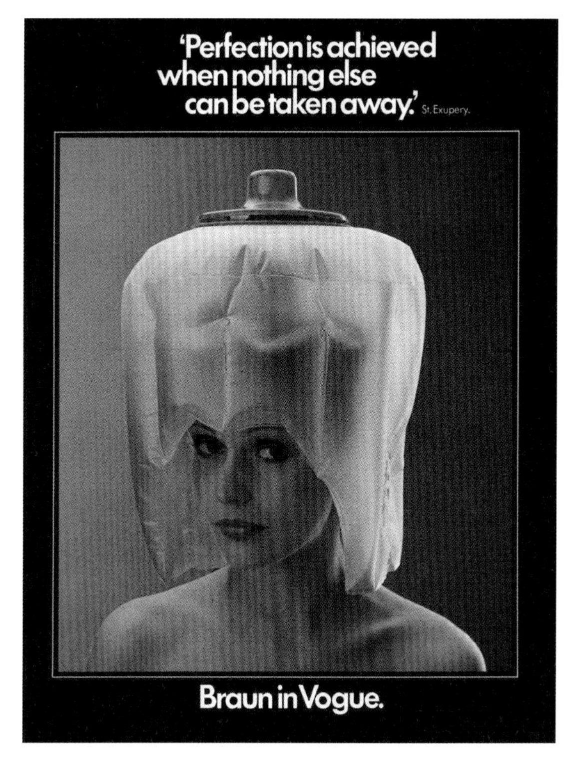

ディーター・ラムスは、1950年代に建築家兼インテリアデザイナーとしてブラウンに入社し、やがてデザイン部門の最高責任者となって1995年まで在任した。40年間の在職中に示したビジョンは、世代を越えて無数のデザイナーに、幅広い分野で影響を及ぼし続けた。ラムスが示した良いデザインの10ヵ条は、1970年代には不朽の名声を得ており、サステナビリティ（持続可能性）という言葉が今日のように氾濫する以前から、その概念を語っていた。デザイナーが意義あるものを生む仕事をするために、守るべき枠組みを示したのである。10ヵ条は、次のように説く。良いデザインとは、革新的である／実用をもたらす／美的である／理解をもたらす／謙虚である／誠実である／長命である／最終的にディティールへと帰結する／環境への配慮とともにある／可能な限りデザインを抑制する。つまり、古びて陳腐になるデザインは良くないと考えていた。

しかし、1990年代を迎えるまでには、多くの小型家電メーカーが、ラムスの10ヵ条は時代に合わないとみなすようになる。品質は低下し、製造業はアジアにほぼ完全に移転し、さらには、旧式になることを敢えて意図した計画的陳腐化が、プロダクトデザインの鍵となった。メーカーは、製品の寿命が短いことを承知のうえで、消費者に販売していたのである。今から30年前なら、耐久性がないとわかれば、商品の購入を避ける選択肢もあったかもしれないが、現在に至っては避けようがない。

驚くべき数字がある。2019年に、世界で生じた電気・電子機器の廃棄物は5000万トン以上にのぼり、そのわずか20パーセントしか公式にはリサイクルされていない。機器を使い捨てする風潮を消費者が問題視すると、企業側が責任を果たす動きが生まれる。2020年、アップルは、iPhoneの旧機種（iPhone 6、6sプラス、iPhone 7、7プラスなど）で、ソフトウェアのアップデートにより作動を遅くして新型機種の購入を促している、との訴えについて、5億ドルの和解金の支払いに合意した。アップルの前最高デザイン責任者、ジョナサン・アイヴが、ラムスの10ヵ条をインスピレーションの源としていたのは、皮肉なことである。

大企業に大改革が必要なのは言うまでもないが、消費者として、私たちにも、何を買ってどのように維持していくのか、十分な情報を得たうえで判断する力が求められる。私たちが目にしているこの世界は、気候変動により差し迫った脅威にさらされ、危機的状況にある。かつて家庭向け電気製品とそのメーカーが、60年代、70年代、80年代の文化を一変させたように、今日の私たちがこの危機において生活習慣を改めるために、家電と製造会社がいかに役割を果たせるのか、興味深いところである。

画期的なデザインを生んだ30年

1961年
ドイツのブラウン社に新設されたデザイン部門のトップに、伝説的なインダストリアルデザイナー、ディーター・ラムスが就任。彼の指揮下で、ほどなくブラウンは、モダンな電気製品デザインの草分けとなる

1962年
米国のサンビーム社が、アイロンの“ミスト噴射”機能を開発。すでにあった“スチーム”機能、“ドライ”機能と並び、アイロンの技術の歴史に新たなページを刻む

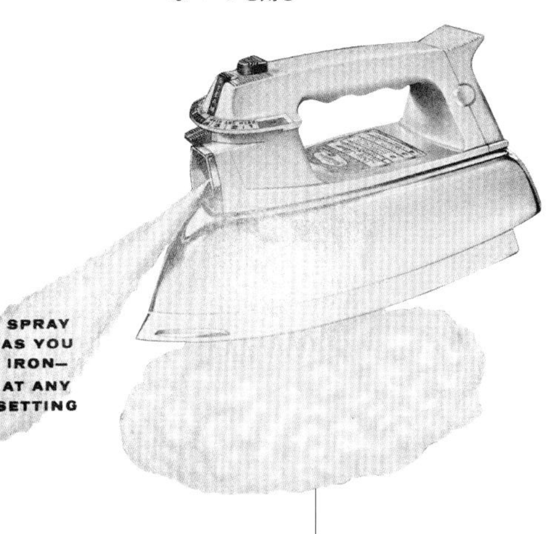

1960年
英国のブランド、レミントンが、初の電池式の電気シェーバーを発表。電源コードが不要で便利なうえ、コストパフォーマンスも良く、シェーバーの進化の重要な一歩だった

1961年
イタリアのブランド、ファエマが初の電動ポンプ式エスプレッソマシンをリリース。それまでの手動のレバーではなく電動ポンプを用い、より高圧の蒸気によってコーヒーを抽出できる。こうしたデザインが、その後のエスプレッソマシンの原型となる

1963年
米国のゼネラル・エレクトリックが、初の自動洗浄機能付き電気オーブンを発表し、続いて1967年には、電子機器としてオーブン制御装置を新たに開発。こうした進歩は、家電へのマイクロプロセッサーの導入を先取りするものだ

1963年

米国のブランド、フーバーが、空気を汚さないアップライト型の電気掃除機を、新たに市場に送り出し、優れた硬質プラスチックの力の裏づけとなる。この掃除機のデザインが、競合メーカーの商品に波及して、数々の類似品を生む

1964年

ニューヨーク万博で、米国で初めてフォンデュが紹介される。続く10年のうちに、流行の調理家電としてフォンデュメーカーが登場し、1970年代のパーティーの目玉となる

1964年

プラスチックをユニークな箱型に成形したミニマルなデザインのヘアドライヤーを、ブラウンが発表。60年代にはこのように軽量で手ごろな価格の商品が登場し、ヘアドライヤーが家庭の必需品になる

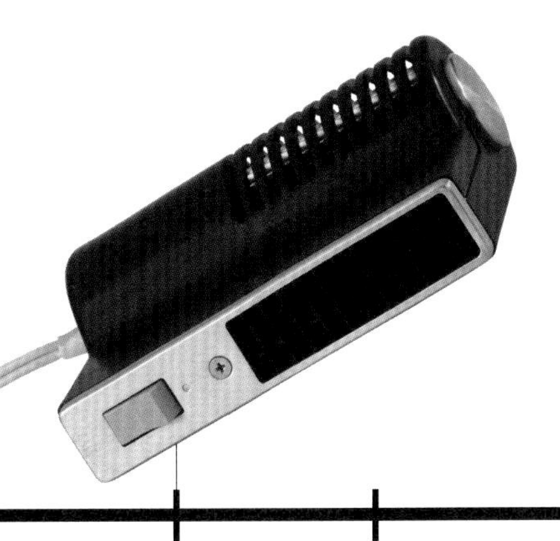

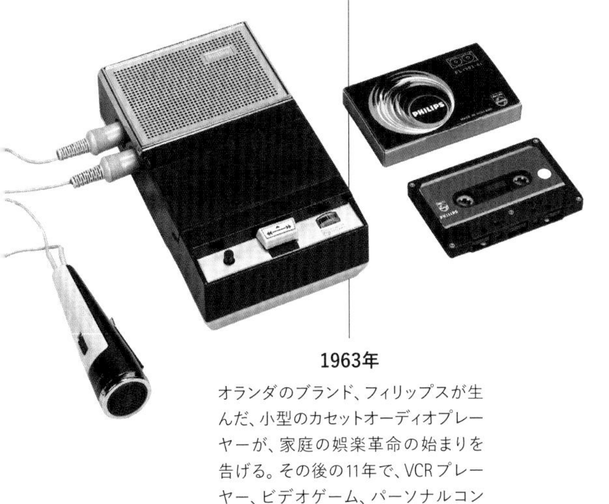

1963年

オランダのブランド、フィリップスが生んだ、小型のカセットオーディオプレーヤーが、家庭の娯楽革命の始まりを告げる。その後の11年で、VCRプレーヤー、ビデオゲーム、パーソナルコンピューターが登場

1967年

ブラウンが、このブランドを象徴するコーヒーグラインダー(電動コーヒーミル)、Aromatic(アロマティック)を発売。艶やかで無駄を削ぎ落した誰もが使いやすいデザインで、当時のブラウン製品の典型であり、コレクターズアイテムとして静かな人気を呼ぶ

1971年

フランスの発明家、ピエール・ヴェルドンが披露した、初の家庭向け小型フードプロセッサーが、Le Magi-Mix（マジミックス）だ。みじん切り、薄切り、すりおろしが、今やひとつの調理機器で手早くできる。フードプロセッサーは、すぐに家庭の必需品に

1970年

4年前に最初の女性向け電動シェーバーを発売したフィリップスが、人気のモデル HP 2108を発表。1970年代半ばまで、年間150万台の女性用シェーバーを生産する。1972年になると、競合するブラウン社が、女性向けブランド、レディ・ブラウンからCosmetic-Shaver（コスメティック-シェーバー）を発売

1970年

冷蔵庫は、現代の家庭になくてはならない当り前のものである。洗濯機など家事の時間短縮につながる製品を、家庭が広く受け入れてきたことを物語る

1971年

米国の企業、インテルがマイクロプロセッサーを開発。マイクロプロセッサーは、バイナリデータを読み込み、処理したデータにもとづいて各種の動作を指示する。これが、家電製品の大変革をもたらすことになる

1972年

Crock-Pot（クロック-ポット）という名のスロークッカーが、米国ミズーリのメーカー、ライヴァル・カンパニーから発売される。材料さえ入れておけば調理してくれるスロークッカー人気の立役者で、競合商品が数多く生まれるきっかけとなる

1972年

初の電動式ドリップコーヒーメーカー、Wigomat（ウィゴマット）の考案から18年となるこの年、サンビーム社が、Mr.Coffee（ミスターコーヒー）を発表。自動でドリップが進行し、抽出しすぎてコーヒーポットから溢れないように予め制御機能がプログラムされている。以降、こうしたコーヒーメーカーが定番となる

1977年

ドイツの家電ブランド、ボッシュは、カウンター下に設置できる食器洗浄機を新たに発表。空間の有効活用と、時間の節約の、最たるものだ

1978年

フランスのムリネックスが工夫を凝らした、Automatik Toaster（オートマチック・トースター）が登場。当時最新のトースターのトレンドを取り入れ、さまざまなタイプのパンに対応できるように、大きめのスロットを複数備えているのが特徴だ

1975年

50年前にゼネラル・エレクトリックが家庭用フリーザーを考案していたが、ようやく一般に手の届くものになった。英国の家庭の3軒に1軒がフリーザーを持つようになった年で、冷凍食品ブームが始まる

1976年

米国のメーカー、シンガーが、世界初の電動ミシン、Athena 2000（アティーナ 2000）を世に出す。この先駆的なミシンは、ボタンを押すだけで各種のステッチを選ぶことができ、裁縫は様変わりする

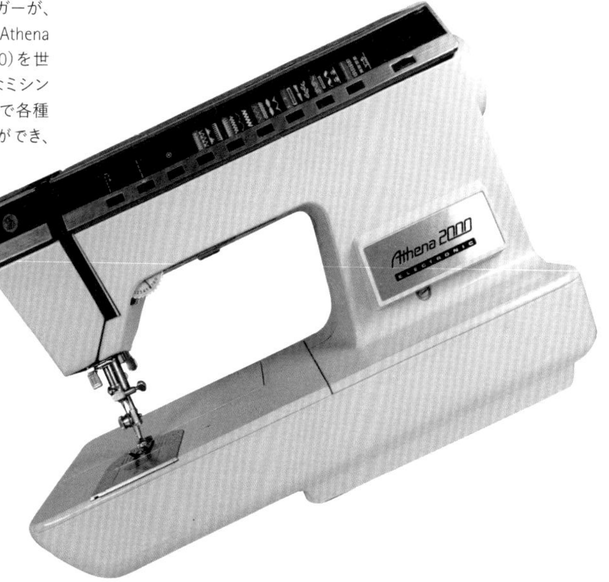

1981年

ムリネックスが、驚くほど多機能なスロークッカー、Le Cuitout(キュイトゥ)をリリース。グリル、煮こみ、揚げ物、蒸し物、茹で物、すべてに使える。これまでで最も進歩したスロークッカーとして、この手の調理機器の新たな標準を示すものとなる

1982年

ブラウンが、目新しいヘアドライヤー、Softstyler(ソフトスタイラー)を発売。ミニマリズムとは対極の80年代のマキシマリズムを反映したデザインで、取り外し可能な円形のディフューザーを使うと、ものすごくボリューム感のあるヘアスタイルができあがる

1980年

1945年にパーシー・L・スペンサーが発明して特許を取った電子レンジが、ようやく手ごろな価格に。カウンターに置くタイプが広く普及し、新しい調理法の誕生を告げる。電子レンジで手早く調理できる食事が、80年代に好まれる

1981年

ブラウンが、握りやすくパワフルなハンドブレンダー、MR 6を発表。どの競合商品よりもなめらかにピューレができる。ハンドブレンダーのデザインは大きな進歩を遂げ、80年代には勢いを増していく

1983年

フィリップスが開発したコンパクトなコーヒーメーカー、Café Duo(カフェデュオ)は、1杯か2杯のコーヒー向けのデザインで話題を呼ぶ。忙しい独身の専門職を、新たな購買層としている

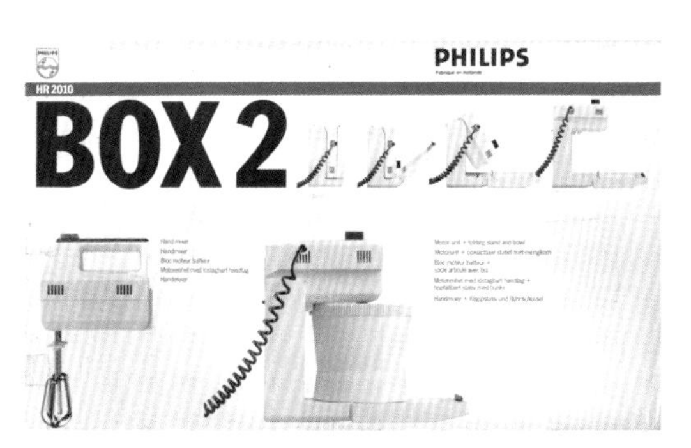

1983年

フィリップスがBOXシリーズのひとつとして発売したフードミキサーBOX 2は、スタンドミキサーからハンドミキサーに瞬時に切り替えられる。家電製品は以前にも増して多機能になる

1984年

アップルが、Macintosh 128K（マッキントッシュ128K）を発表。量販された世界初のパーソナルコンピューターとなり、家庭やオフィスのテクノロジーは新時代を迎える。マックについて語るスティーブ・ジョブズの基調講演は有名だが、その最初のスピーチのなかで、画期的な潜在力を披露している

1985年

ドイツのブランド、ロウェンタが発表した小ぶりのトラベルアイロン、Fashion（ファッション）は、ハンドルを折りたためるのが特徴だ。このように、ビジネス旅行に出かける新世代をターゲットとした、多くのデザインが誕生する

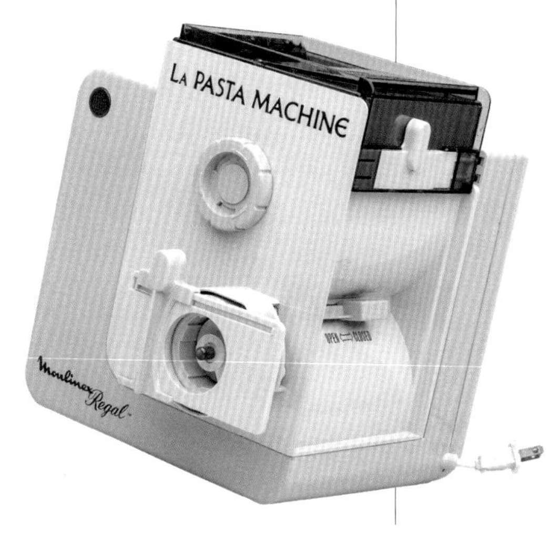

1983年

ムリネックスの複合製麺機、La Pasta Machine（パスタ・マシン）が登場。パスタ生地を、混ぜて、こねて、成形できる。創意工夫を凝らした家電の、需要の高まりを示す例である

1985年

米国の実業家、ジョー・ピドットが特許を取得したThe Clapper（クラッパー）は、音に反応するスイッチであり、手を叩(クラップ)くことで電気製品を作動させる。当初は珍しがられ、後のスマートテクノロジーの先駆けともいえる

Coffee Grinder Major

コーヒー・グラインダー・メジャー
ジルミ | Model No.MC 14
イタリア、1965年

ジルミ社による、オレンジ色のずんぐりしたマッシュルーム形のコーヒーグラインダー（電動コーヒーミル）は、根強い人気がある。この素朴なデザインは、どっしりと頭でっかちな姿とあいまって、堂々たる存在感を放っている。電源コードは下部に巻きつけられており、それ自体にデザイン性があり、キッチン家電によくあるコードの煩わしさがない。残念ながら、上と下のパーツがぴったり平行にかみ合っていないが、それも魅力の一部だ。素材は、軟質プラスチックが使われている。2016年に、トリエンナーレ・デザイン美術館で開催された、ミラノ・トリエンナーレVIII、キッチンデザイン展 *Cucina & Ultracorpi* の関連書籍の表紙を、このコーヒーミルが飾った。

Whisk

ウィスク
ケンウッド | Model No. A 1050
英国、1973年

調理機器メーカーのケンウッドによる1970年代初期のミキサーは、ウィスク（泡立て器）というシンプルな名と同様、かたちもミニマルで無駄がない。この英国製の程良いハンドミキサーは、手ごろなサイズの電池式で、攪拌部分は、スティックの先にふたつのリングが組み合わさっている。当時のケンウッドの典型といえるデザインで、英国のインダストリアルデザイナー、サー・ケネス・グランジによるものだ。彼はその後、コダックのカメラ、パーカーの筆記具、インペリアル社のタイプライターをデザインした。名高いロンドンタクシー、1997 LTI TX1車両のデザインも彼が手がけ、今日でも首都を走り抜ける姿を見ることができる。

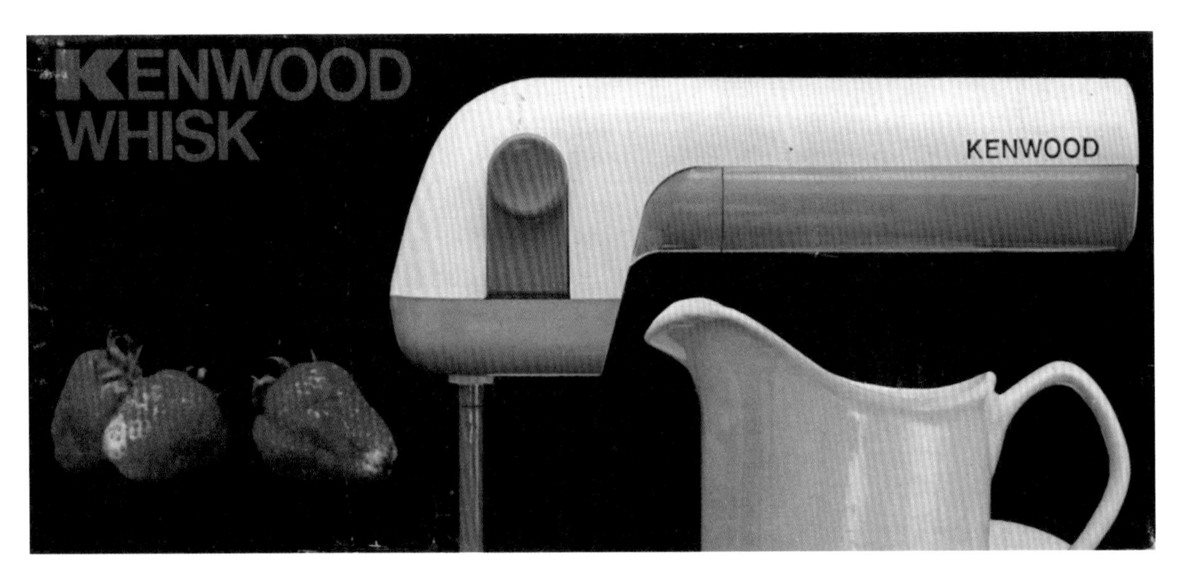

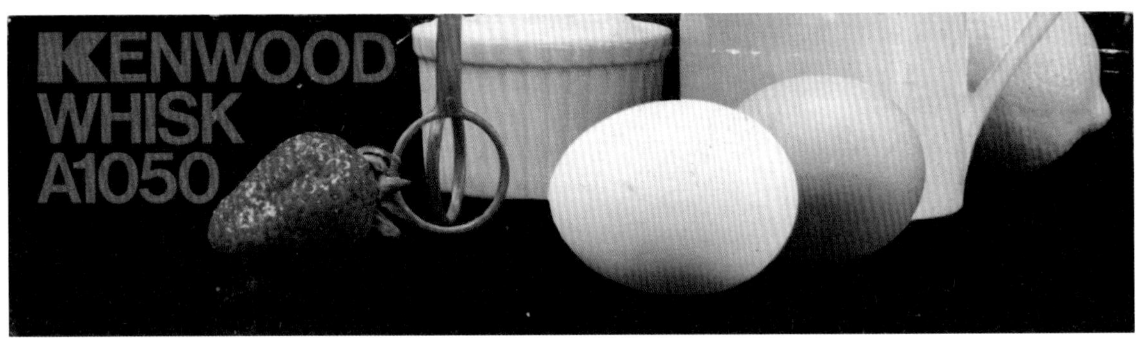

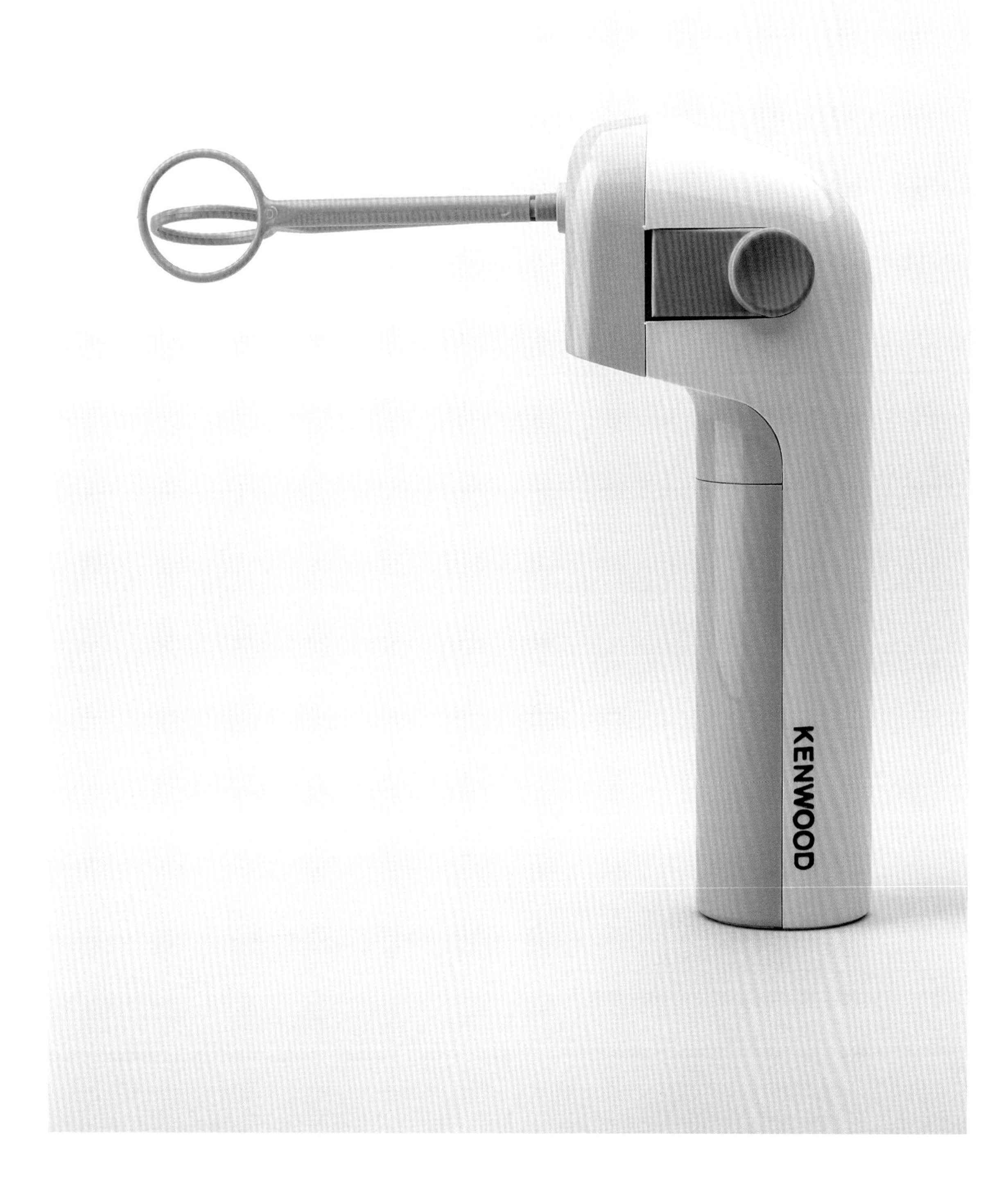
KENWOOD

Ladyshave

レディシェイブ
フィリップス | Model No. HP 2108
オーストリア、1970年

競合のブラウン社が、今は撤退したサブブランド、レディ・ブラウンから女性向け電動シェーバーを発売した年よりも6年前に、フィリップス社は女性用シェーバーを売りだしていた。その始まりは1966年、ウィレム・ヤンセンのデザインによるものだった。ここに紹介するモデルのLadyshave(レディシェイブ)の他に、豪華なギフトボックスに入ったSpecial Ladyshave(スペシャル・レディシェイブ)HP 2116 FL(26ページで後述)も発売された。Ladyshaveは、フォイルブレードのシェーバーであり、オーストリアのクラーゲンフルトの専用工場で、1970年代半ばまで、年間150万台以上生産された。

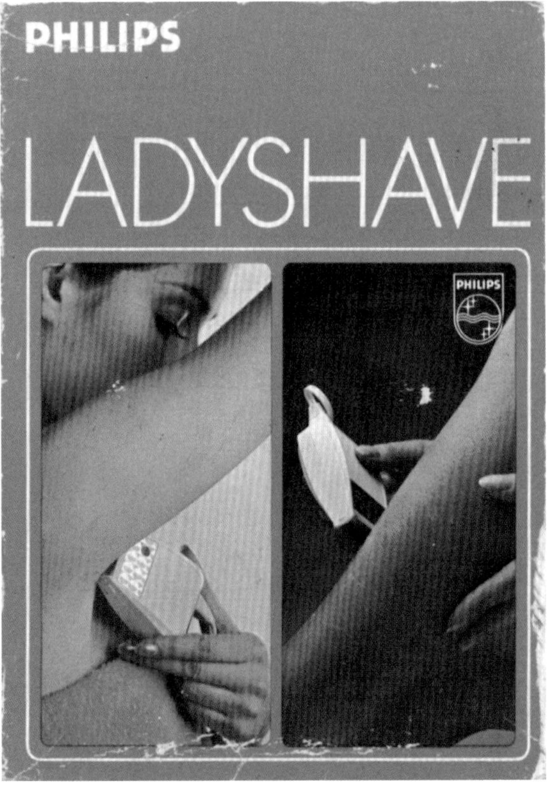

PHILIPS

Lady Braun Luftkissen-Trockenhaube

レディ·ブラウン　ロフトキッスン·トゥロッケンホウブ
ブラウン｜Model No. HLH 1
ドイツ、1971年

今も使われてはいるものの、すでに過ぎ去りし時代の美容法として、お釜のようなフード型のヘアドライヤーがある。ここに紹介する製品も、パッケージからわかるようにそのひとつであり、商品名は「空気枕」という意味だ。ブラウン社の女性向けサブブランド、レディ·ブラウンが、ユーゲン·グルーベルによるデザインで売りだしたこの商品は、家庭用フード型ドライヤーのシンボル的なもので、その後、他のブランドによる類似品が続く。近未来的なデザインで、ハンズフリーで髪に当てられるし、電源コードのスイッチでオンオフできた。

BRAUN

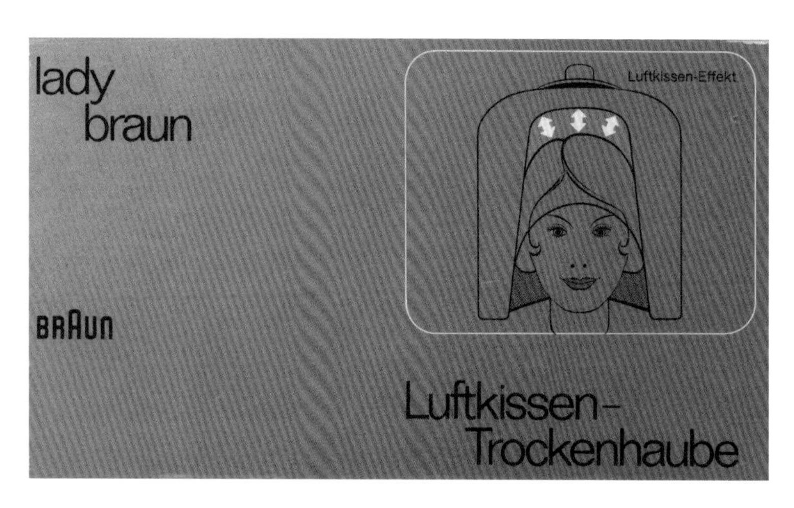

ブラウンがパッケージにモデルを起用するのは、商品の使いかたを示したいときだけである。たとえばパーソナルケア機器などで、機能をわかりやすくするためだ

Luftkissen-
Trockenhaube

Special Ladyshave

スペシャル・レディシェイブ
フィリップス | Model No. HP 2116 FL
オーストリア、1973年

グンター・ハウフによるこのデザインは、フィリップスの人気の電動シェーバー、Ladyshave（レディシェイブ）よりも、高品質で大型のモデルとなっている。市場では、競合他社のレディ・ブラウンの美容シェーバーに替わる恰好の商品だった。シェーバーのケースは、中の本体よりもはるかに大きく、特大のコンパクトミラーのように蓋が開く。これを置ける広々としたスペースのある浴室にふさわしい、最高級のシェーバーとして、ある種のステータスシンボルといえる。こうした商品はギフト用の購入が多く、その意味でもケースのデザインは、有効なマーケティング手段である。シェーバーのまわりの空間をスパイラルケーブルが取り囲むこのケースのように、美容シェーバーのデザインに応じて工夫した、多種多様なかたちやサイズの収納ケースがあった。

PHILIPS

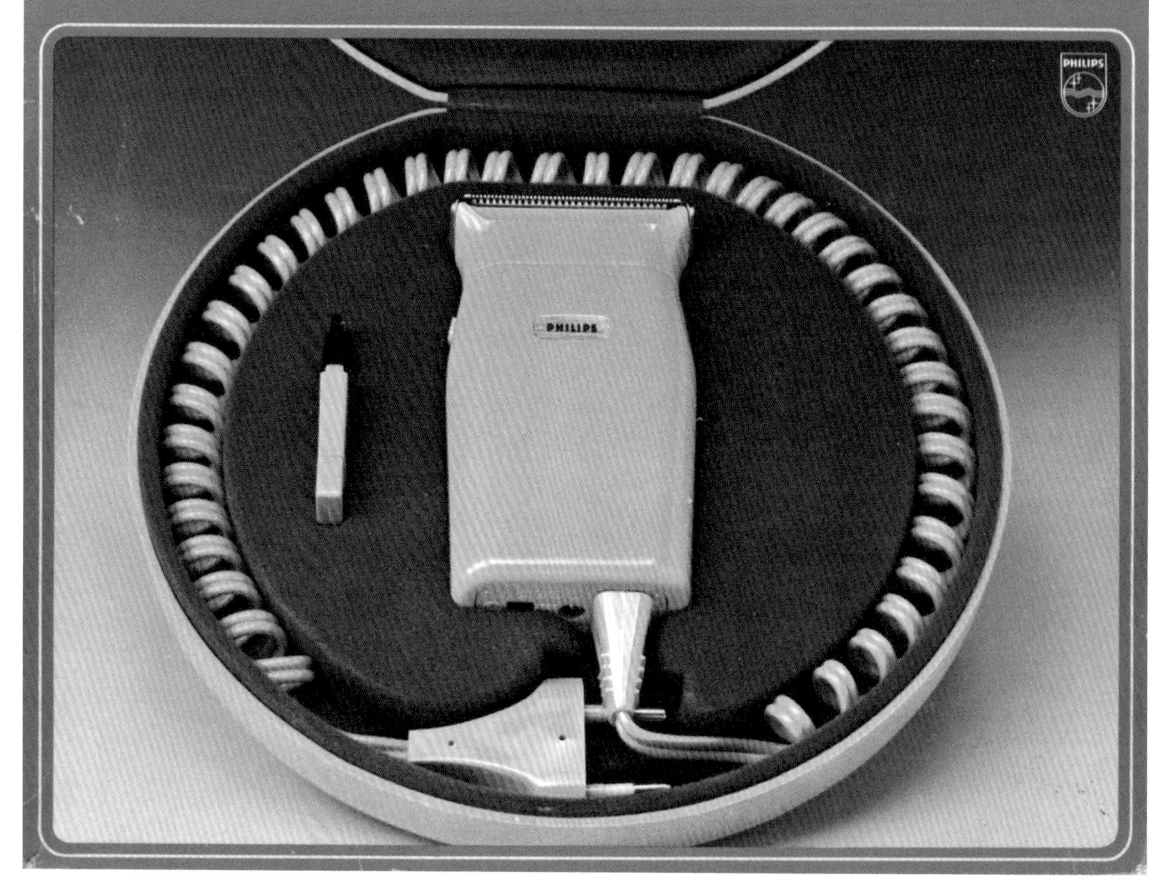

シェーバーはプレゼントとして買い求めることが多く、大きなケースはステータスシンボルとなった。パッケージの写真撮影はクリストファー・ジョイス、パッケージのデザインはヘンク・ジャン・ドレンセン

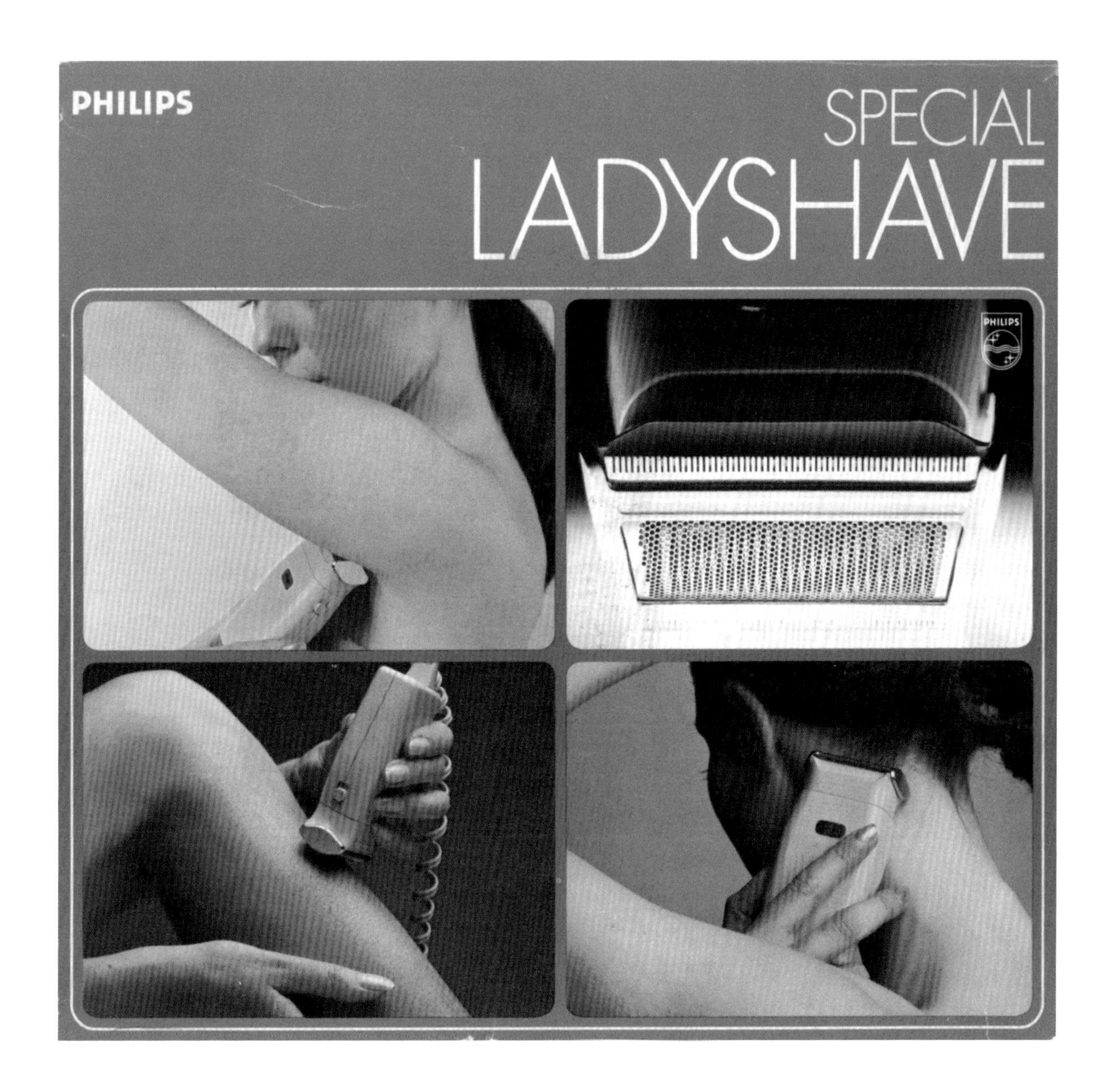
PHILIPS
SPECIAL
LADYSHAVE
PHILIPS

THE

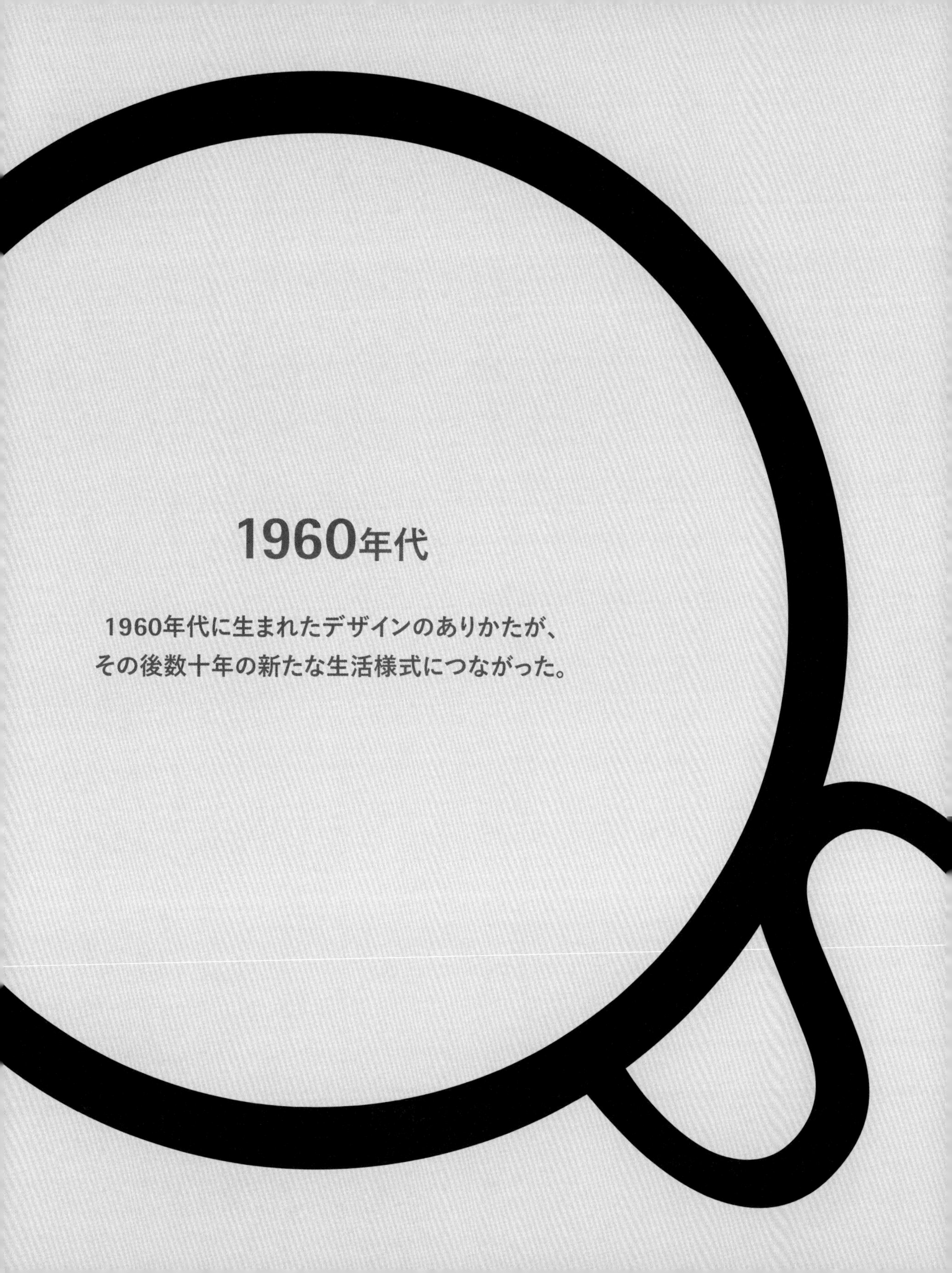

1960年代

1960年代に生まれたデザインのありかたが、
その後数十年の新たな生活様式につながった。

1961年の英国の広告で、フォルミカ社のラミネートプラスチックの調理台を宣伝。および、ゼネラル・エレクトリックの新製品を掲載した雑誌広告

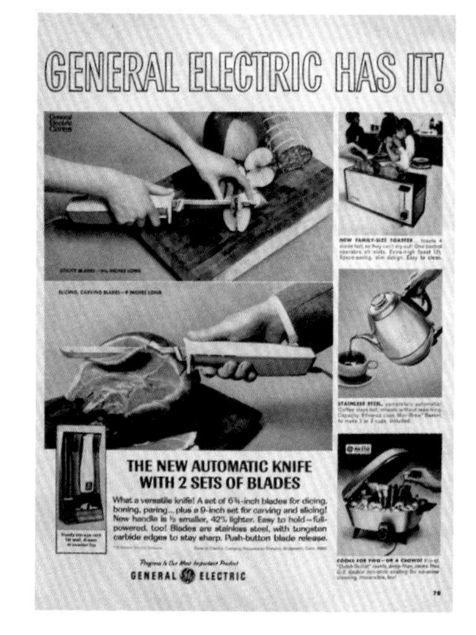

1960年代、世界は急激に変化していた。政治思想は変動と混乱にみまわれ、カウンターカルチャー(対抗文化)が勢いづき、生きかたもアートも実験的な試みが流行した。そうしたなかでデザインは、伝統から解放され新時代を迎える。その特徴は、テクノロジーの発達、普及する消費者向け製品の民主化、軽妙さを増すインテリアデザインのアプローチにある。世代間のギャップが広がった時代で、若い人と高齢者は、まったく違う暮らしを営んでいた。フェミニズムは、戦前の第一波に続き第二波を迎え、平等を求める戦いを繰り広げるとともに、より広い視野で、たとえば生殖について自由に決める権利や、家族、職場の諸問題と向き合っていた。とはいえ、フェミニズムの影響が増すなかにあっても、多くの女性は家庭内で伝統にとらわれたままだった。

スウェーデン生まれの建築家でインテリアデザイナーでもある、シグルン・ビューロ=ヒューベが1967年に始めた調査プロジェクトは、カナダの500万人の主婦が、使いにくいデザインのキッチンで家事をしていると明らかにした。ビューロ=ヒューベの研究は、そうした非効率的な調理スペースで料理する女性について調査しており、主婦が歩き回る範囲や距離を調べ、カウンターや戸棚の高さと大きさを測り、家族の食事づくりのために何度も行き来するようすを観察している。当時の調理空間は、さまざまな機能が混然としているうえ、そもそも性差にもとづいた場所だった。ビューロ=ヒューベは、L字型のキッチンが、女性にとって最も効率的な作業場だと結論づけた。その後の数十年、西側諸国で根強い人気となったキッチンデザインの、ひな型ができたのだ。

キッチンの間取りの変更に加え、ますます忙しい主婦の暮らしを楽にするために、家事の他の部分も見直しが行われた。家事分担の再検討はともかくとして、デザイナーたちは、60年代の主婦のための商品づくりにいそしんだ。料理や下ごしらえの時間を短縮できる調理機器を、手入れしやすく清潔を保ちやすい素材で製作し、とりわけラミネート、リノリウム、プラスチック、ベークライトが用いられた。フィリップス、AEG(アーエーゲー)、ボッシュ、サンビーム、ムリネックスといったブランドが、新たに家電市場に参入し、イノベーションを推し進めた。60年代は、アイロン、電気掃除機、ヘアドライヤーが導入された時代である。こうした製品の初期のモデルは、使いかたが容易とはいえず、少々危険をともなう機器であった点は興味深い。

社会のいたるところで、あふれるように文化の変化が生じ、それが当時のデザインにも反映された。たとえば、ステータスシンボルとしての住居や、すぐそこにある未来という視点を、デザインは映し出していた。新築の家に加え、戸外に車の進入路を設けて、複数駐車できるスペースを確保することも、富の証だった。室内では、サイケデリックなものへの傾倒が、毛足の長いカーペットと、それに合わせた壁紙、モダニストのデンマーク家具にうかがえる。

新しいテクノロジーに加え、インスタント食品が次々と現れ、伝統的な料理は影をひそめた。60年代は、『スタートレック』や『宇宙家族ジェットソン』のような古典的なSFが制作された時代であり、家電製品もまた未来志向で、自動食器洗浄機、電子レンジ、火口が複数あるコンロ、氷と給水機を備えた冷蔵庫の導入を進めていた。

バスタブを宣伝する英国の広告。パースペックス（アクリル）製で、触れたときの冷たさがなく、滑らかな肌ざわりで、掃除も簡単だ

1940年代に家庭で使われるようになった冷蔵庫は、、60年代には革命的な家電の最たるものだと明らかになった。多くの製品はレシピブック付きで、主婦に“冷製料理”という調理法を伝えた。ひんやりしたメニューは、たいていは冷やし固めて作るため、そのあいだの数時間が空き、女性は他の仕事ができる。生活のなかで1日当たり平均7〜9時間を女性が掃除や洗濯に費やしていたことを考えると、おそらくそうした家事の時間に当てただろう。

小型家電のデザインについては、ドイツのブラウン社が先導していた。ブラウンのチーフデザイナー、ディーター・ラムスは、1960年代の電気製品の美学を確立し、それが、続く数十年の家電の姿に先鞭をつけることにつながった。ラムスの輝かしい業績は、長年にわたってインダストリアルデザインにインパクトを及ぼしてきた。彼の「さらに削ぎ落し、より良いものを（less, but better）」という哲学と、良いデザインの10ヵ条は、持続性と機能性を重視している。1965年発売のブラウンのジューサー、Citruspress（シトラスプレス）は、後継のモデルの生産が続いて2020年代にも販売中であり、このようにブラウン製品の多くが今日でも買えるのは、ラムスの精神が生きている証である。

家庭生活に関する伝統的な考えかたは、60年代になっても顕著にうかがえるが、新しい変化として、年若いうちにあえて親とは違う生活を夢見て巣立っていく若者が現れた。この世代間のギャップは、ビートルズの曲「She's Leaving Home（シーズ・リーヴィング・ホーム）」によって歌い継がれている。歌のもとになったのは、1967年2月に、北ロンドンの裕福な暮らしの家庭を後にした17歳の娘の実話である。当時、こうしたティーンエイジャーの持ち金が、かなりの割合で自由に使えるものだったことを考えると、活気ある60年代の若者文化には、十分な資金が投入されていたといえる。音楽、アート、ドラッグ、反体制主義、抗議運動、性革命（性の解放）が、60年代の記憶として長く刻まれている。

いまだ家族で暮らしている家庭の場合、この時代の社会的な変化の影響を受けたのは、食事の時間だった。日中にメインの食事をするのではなく、しっかりとした食事を夕方とるようになり、家族いっしょにディナーのテーブルを囲むことになる。家族が腰かける椅子はカラフルで、その多くはプラスチック製であり、パリ生まれのピエール・ポラン、英国のデービッド・ヒックスやテレンス・コンラン、デンマークのヴェルナー・パントンといった、当時の誰もが憧れたデザイナーのものだった。

SUGAR
SUGAR

キッチンの間取りを変えると、女性が効率的に家事を行える空間になった。ますます忙しい主婦の暮らしを楽にするために、家事の他の部分も見直しが行われた

新しいテクノロジーに加え、インスタント食品が次々と現れ、伝統的な料理は影をひそめた。

テレンス·コンランは、ロンドンを拠点とし、1956年に自ら事業を立ちあげた。Summa（スマ）というブランドのチーク材家具のシリーズのほか、活気ある60年代（スウィンギング・シックスティーズ）にミニスカートやホットパンツ（ショートパンツ）を流行させたデザイナー、マリー·クヮントのブティックの内装で名高い。1964年にコンランは、当世風のデザインの食器類や家具を主に扱う店として、ハビタの1号店をロンドンのチェルシーに開いた。以降、ハビタは大規模なチェーン店として成長し、コンテンポラリーデザインを大衆に届けた最初の小売業者、という評判を得る。

チェーン展開するフランチャイズが、至るところに現れ、特に食料品店に多かった。スーパーマーケットが60年代に増加し、それとともに自宅に備えるさまざまな品に金を費やす風潮も生まれた。新しい家電製品のおかげで家事からいくらか解放されると、女性たちはスーパーマーケットに行って思いのままに買いものをした。以前は、精肉店、鮮魚店、その他の食料の小売業者が、それぞれの品を買い求める客を呼びこむのが普通だった。スーパーマーケットができると、それまでに比べて買いもののしかたが柔軟になり、そうすると食事のありかたも、より創意に富むものになった。

60年代を対立の時代とする声もあり、それは、政治においてもポップカルチャーでも波瀾万丈の時代だったうえ、意見の対立が社会に波紋を広げた点によるところが大きい。しかし、家庭では、女性が台所仕事から解放されて家庭という世界の外に踏み出せるような、新しい未来を垣間見た時代であった。実際にはそうした未来の到来には、あと数十年かかるのだが、60年代がその下地を整えたのは確かである。

Krups 80

クルプス80
クルプス | Model No. Krups 80
ドイツ、1971年

この寸胴の小型電気シェーバーは、立派な携帯用のケース付きで、蓋を開けるとシェーバーとともに小さな鏡が見える。ポケットシェーバーの先駆けであるこの製品のデザインは、モダンながら控えめだ。ブラウン社が、同じようなかたちのシェーバー、Sixtant 6006（シックスタント6006）を、やはり鏡付きのケースに入れており、それに呼応してクルプス社が発売したのが、このKrups 80である。いずれにせよ、Krups 80の仕上がりは見事で高品質だ。

このドイツのメーカー、クルプスは、後にオレンジ色のバージョンを、Flexonic II（フレクソニック II）、Flexonic Junior（フレクソニック・ジュニア）の名で売りだした。

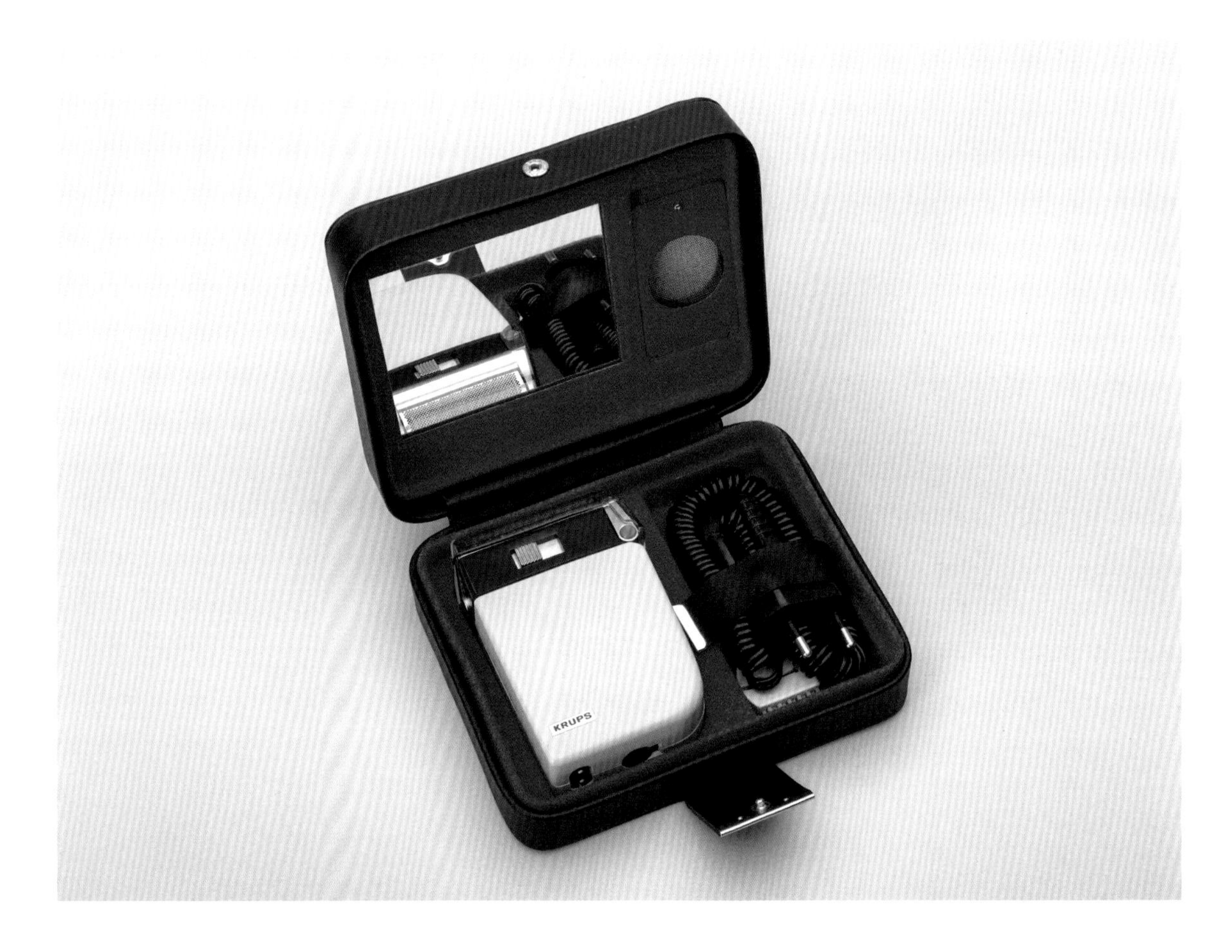

KRUPS

Kaffeeautomat

カフェオートマート
AEG(アーエーゲー) | Model No. KF 1500
ドイツ、1970年

世界初の電動式ドリップコーヒーメーカーとして特許取得につながったのは、1954年にドイツで製造されたWigomat(ウィゴマット)だ。ここで紹介するのはAEG社のモデルで、かつてのWigomat(ウィゴマット)より進化している。60年代風のクラシックなデザインに、70年代の重厚なプラスチックを組み合わせており、70年代の幕開けの発売であることを物語っている。フィルター部分、ドリップを受けるポット、給水タンクは、どれも丈夫な耐熱ガラス(イエナ・グラス)製で、しっかりした耐摩耗性プラスチックの部品が取りつけられている。こうしたすべてが影響して、マシン全体は重量がある。だが、利点として、10〜12杯分を抽出できるのだ。

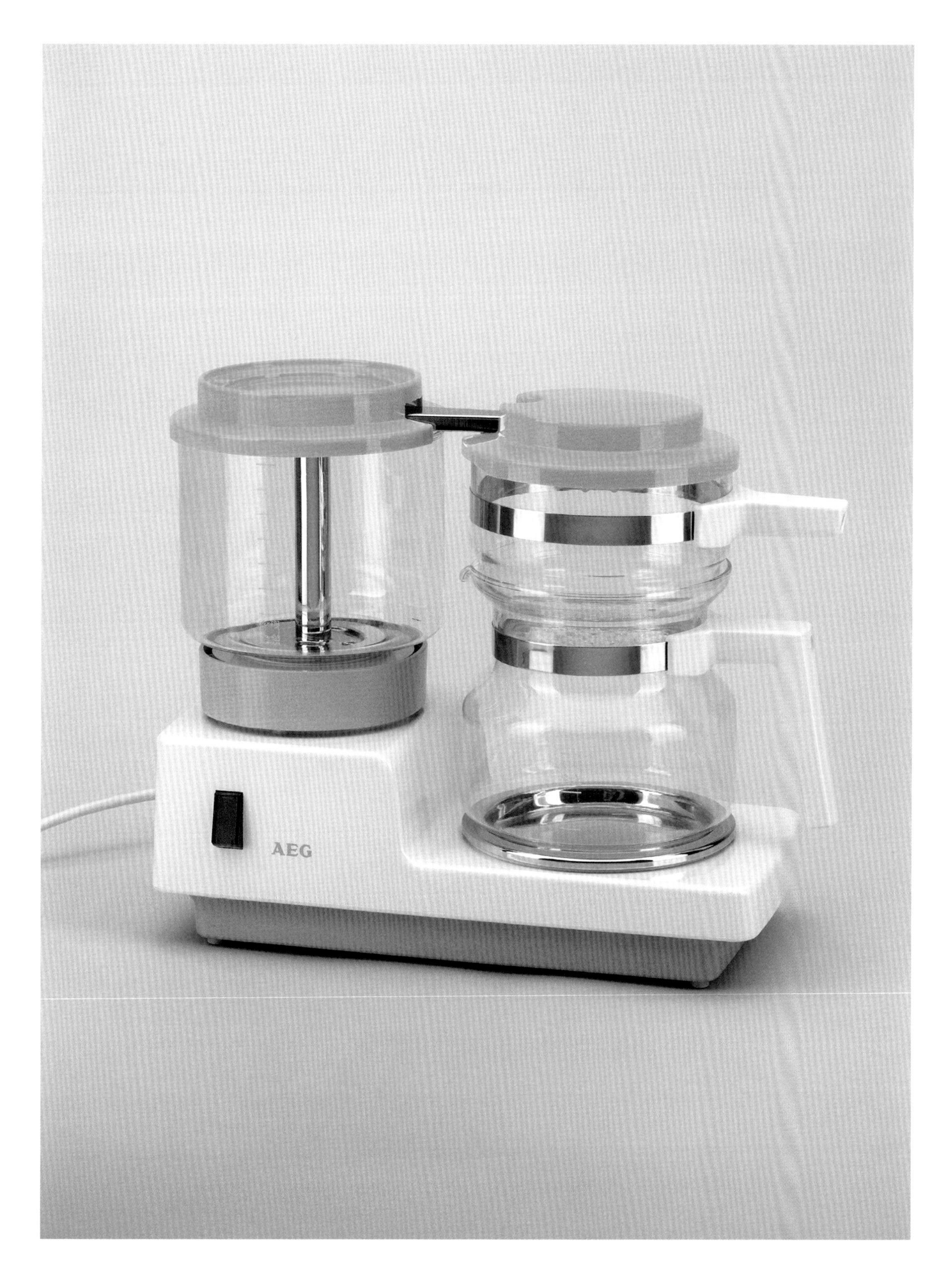
AEG

Coffee Maker

コーヒーメーカー
フィリップス | Model No. HD 5113
オランダ、1973年

箱のようなかたちで基底部が長方形の、ハンス・ジュルケンベックによるデザインは、そのころのフィリップス社製品の典型である。フィリップス初の、現代的なプラスチック製コーヒーメーカーといえる。当時、このオランダの家庭向けブランドは、フランスやドイツの競合他社と異なり、コンパクトなコーヒー用機器の製作に重点を置いていた。このHD 5113を1973年に発売した後、フィリップスは改めて別の材質で少し色が異なる製品を世に送り出しており、そのデザインもまた、新しい特徴を備えていた（湯が落ちる注口部分と電源スイッチが、内部に格納できる）。

PHILIPS

Coiffeur

クァーファー
ブラウン | Model No. HLD 3
ドイツ、1972年

ラインホルト・ヴァイスがデザインしたヘアドライヤーで、ブラックとホワイトの2色から選べる。1964年に発売された同じくヴァイスによるHLD 2の改良型である。ブラウンのチーフデザイナー、ディーター・ラムスが、ヘアケア機器というより四角いブロックみたいなHLD 4（1970年）を手がけており、そこからヒントを得ている。ここで紹介する1972年のモデルでは、ヴァイスの以前のデザインとラムスのスタイルが一体となって、人間工学的により自然に使える形態になった。電源スイッチについては、以前の角型ではなく、ラムスによる丸いかたちを採り入れている。ヴァイスは1960年代、70年代を通じてブラウン社でデザインを担い、中でもトースター、コーヒーグラインダー、湯沸し器が知られている。

BRAUN

Man-Styler

マン・スタイラー
ブラウン | Model No. HLD 51
ドイツ、1972年

次ページのパッケージを見れば明らかなとおり、1970年代の色香のあるヘアスタイルに合わせた製品である。このHLD 51は、同じ年に発売された"Lady Braun Hairstyling-Set(レディ・ブラウン・ヘアスタイリングセット)"HLD 5とわずかに違うだけで機器としては同一だ。明らかに異なるのは男性をターゲットにした点で、女性用のオレンジ色ではなく黒である。それ以外の要素は同じで、商品名と売りかたの違いにすぎない。ハインツ・ウルリッヒ・ハッセ、ラインホルト・ヴァイス、ユルゲン・グロイベルによるデザイン。

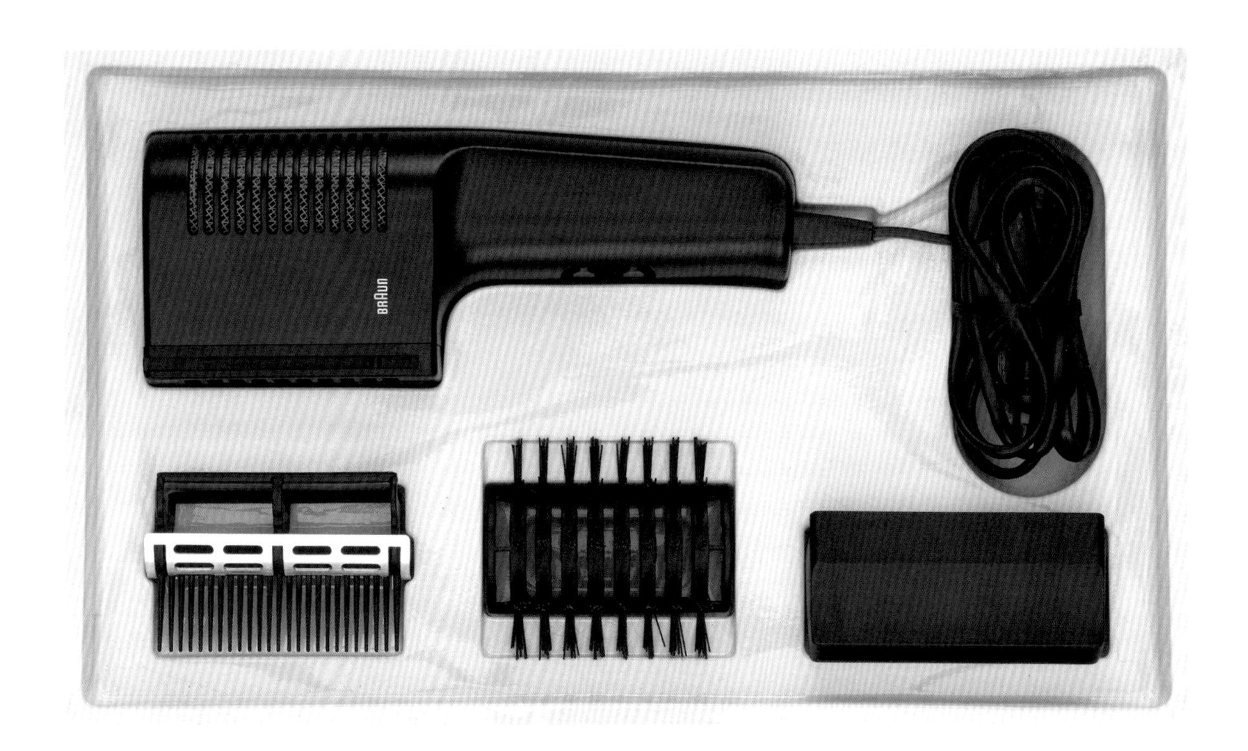

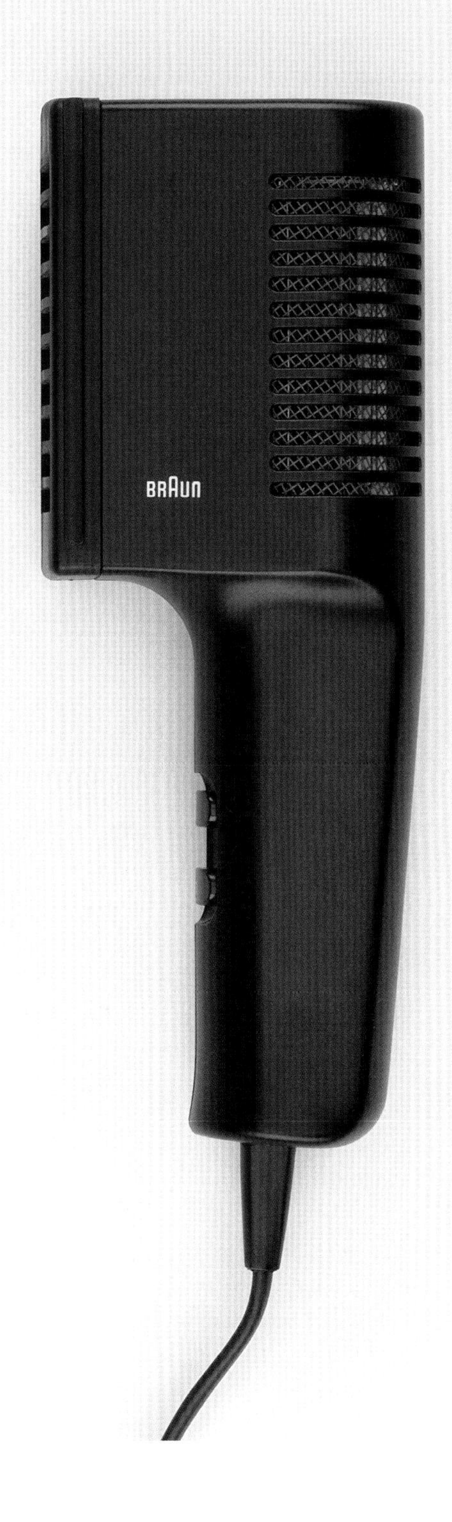
BRAUN

マン·スタイラーは、この時期の商品としては珍しく黒色の商品で、男性客をターゲットとした

Braun Man-Styler

BRAUN

THE

1970年代

デザインの焦点は、一転して機能から遊び心へ。
1970年代は、爛熟した文化、デカダンな品々への嗜好、
個人を中心とする気運が特徴的な時代。

人々は内向きになり、自身の慰めを贅沢さのなかに求めた。デカダンで耽美的なインテリア、ウォーターベッド、ディスコ、ベルボトムパンツ、そして性の解放が、この時代を表している

1976年、米国の作家、トム・ウルフは、『ニューヨーク・マガジン』に掲載された今や有名なエッセイのなかで、“Me'Decade(自己中心の時代)”という表現を生んだ。1930年生まれのウルフは、1960年代から1970年代にかけての西側諸国に見られる社会的変化について述べ、政治や社会問題に駆り立てられた先の10年に比べ、70年代は自分という個人の追求に、より深い関心が向けられたと評したのである。

70年代は、フェミニストや環境保護の運動が勢いづいたように、さまざまな面で革新的であるとはいえ、政治的には依然として明らかに保守主義だった。戦後の好調な経済成長期は、1960年代末に突如として終わりを迎え、1973年から1975年のあいだ、西側の多くが不況に陥った。失業率の上昇と、低成長、インフレが相交じって、食料品などの急な物価高騰に、平均的な世帯の収入は追いつかなかった。多くの女性が否応なく家庭から出て、足りない収入を補うために賃金労働に就いた。

経済的な不安定さを抱える家庭が多かったにもかかわらず、世の中は節約よりも過剰さを求める方向へ進んだ。ウルフは、人々が内向きになり、自身の慰めを贅沢さのなかに求めているとみた。主婦は家電など身の回りを最新式にし、室内空間はパーティーを催せるように整えられた。広い部屋の床の一部を低くしてソファを並べた空間(カンヴァセーション・ピット)は、打ち解けた交わりにうってつけで、派手な模様が目立ち、壁紙もふんだんに使われた。色調もまた、自然界からインスピレーションを得て、赤、オレンジから、褐色、黄色、緑まで幅広かった。デカダンで耽美的なインテリア、ウォーターベッド、ディスコ、ベルボトムパンツ、そして性の解放が、この時代を表している。

70年代初頭、フェミニズムは広く浸透し、特に若い世代に波及して、性差別に対抗して女性の権利を求める運動は、意義深く、成果をあげた。ケイト・ミレットの『性の政治学』(1973年邦訳)と、ロビン・モーガンの『Sisterhood is Powerful(女性の連帯は強い)』はいずれも1970年に発表されて評判となり、フェミニズムという概念が大衆に広まった。先駆的なアーティストは、仲間の女性たちが、なぜいまだに世に認められないのかと疑問を投げかけた。1979年には、ジュディ・シカゴの立体作品「The Dinner Party(ディナー・パーティー)」が、サンフランシスコ近代美術館で最初に披露された。三角形のテーブルに39人分の食器類を一揃いずつ並べ、それぞれを歴史上重要な女性に捧げている。

フェミニズムが、学生、活動家、知識人、アーティスト、デザイナーのあいだで大きな潮流となった一方で、主婦は相変わらず、ほとんどキッチンから離れられなかった。賃金労働のために家を空ける女性にとっては、家電は必需品となり、風変わりなものでも必要とされた。1970年代はクルプス、セブ、ケンウッド、ロウェンタ、メリタ、シーメンス、ナショナルが家電市場に参入し、数々の製品の誕生と普及によって家庭の暮らしは向上した。バスルーム用としては、ヘアドライヤーと電動歯ブラシが瞬く間にヒットし、キッチンでは、先端技術を用いた調理機器のおかげで新しい料理が生まれた。

広い部屋の床の一部を低くしてソファを並べた空間(カンヴァセーション・ピット)は、打ち解けた交わりにうってつけで、派手な模様が目立ち、壁紙もふんだんに使われた。色調もまた、自然界からインスピレーションを得て、赤、オレンジから、褐色、黄色、緑まで幅広かった

小型家電としてフードプロセッサーが登場したのは1971年のパリで、発明家、ピエール・ヴェルドンによるLe Magi-Mix(マジ・ミックス)が始まりである。そのデザインの潜在力に革新性を見いだした各ブランドは、さっそく見倣って同じコンセプトの自社製品をつくり、フードプロセッサーは世界中のキッチンに普及した。コーヒーの人気の高まりとともに、家庭用のコーヒーメーカーもまた、最新の技術と材質、そして流行のスタイルを合わせもつマシンがもてはやされた。クルプスのKrups T8(1974年)やDuomat(デュオマット/1976年)、セブの Cafetière Filtre(カフティエ・フィルタ/1979年)、フィリップスの HD 5113(1973年)といった新製品は、パーティーのホストがゲストたちにふるまえる量のコーヒーを、手軽に用意できた。

フリーザー(冷凍庫)は、1940年代には商品として一般に入手可能になっていたが、ようやく家庭でも当たり前のものになったのは1970年代である。ひとたび設置すると、その存在はキッチンに革命をもたらし、毎日の買いものや調理の時間が取れない人々の助けになった。料理をまとめて作って冷凍し、後日食べられるし、既製の冷凍野菜や肉をまとめ買いできるので、伝統的に主婦の役割とされた家事から、またも女性が解放される。こうした変化は家庭での食事内容にも及んだ。季節による制約は過去の話となり、冷凍によってあらゆる野菜が一年中食べられる。さらにうれしいことに、めったにないお楽しみだったアイスクリームが、家庭の定番になった。

HAMILTON BEACH / 14 SPEED SOLID STATE BLENDER

1970年代のキッチンに設けられたブレックファストカウンターでは、気軽な食事ができる

数々の製品の誕生と普及によって、家庭の暮らしは向上した。

1970年代は食品科学も勢いづき、インスタント食品をさらに進歩させたほか、新しい楽しみとして味覚の幅を広げていった。食品香料の開発が化学者の手で始まったのである。たとえば燻製ベーコン味や海老のカクテル風味といったフレーバーができて、ポテトチップスは今日のように、つい手が伸びるスナックになった。

家電メーカーが次々と世に送り出す美容家電は、時代の姿を浮き彫りにしており、70年代はヘアドライヤーの時代とも言える。「ヘアケア家電は70年代に大幅に増えましたが、その10年の終わりの時点では、どのメーカーもすでに飽和状態でした」と、インタラクションデザイナー（ユーザーに対して適切に反応するシステムを設計するウェブデザイナーなど）で本書の掲載品のコレクターでもあるジェロ・ジーレンスは言う。「以来、ヘアドライヤーはどれも機器としては（セットの付属品も含め）基本的に同じで、違いといえば、色づかいです。もはや技術的には進展が無いのですから、ファッション業界も、テレビや映画に出る人々の髪型も、スタイリングのしかたによってあれこれ趣向を凝らして新味を加えているのでしょう」

今日のコンピューターの土台であるマイクロプロセッサーは、1971年に登場した。70年代は、携帯電話の発明やアップル社の設立の時代でもある。テクノロジーが、人々の暮らしのなかで重要な役割を担うようになってきた。カラーテレビは必需品となり、ビデオテープとVHSプレーヤーも欠かせない。ポータブル・カセットプレーヤーの音楽を聞きながら、ジョギングで汗を流せるのだ。オフィスでは、仕事の進捗をフロッピーディスクに保存できる。“フロッピー（やわらかい）”の名が付いたのは、ディスクが薄い素材の保護シートに包まれていたからだ。

70年代は、風情がなく悪趣味だと言われることも多いが、短所も長所もすべて含めて70年代への愛着が改めて見直され、今日のファッションやインテリアのなかで息づいているのは、それなりの理由があってのことである。家庭生活の変化という点では、70年代は特筆すべき時代であった。

Multipress

マルチプレス
ブラウン | Model No. MP 50
ドイツ、1970年

このフルーツジューサーは、1965年にリリースされたMP 32の後継モデルである。元のデザインを、1970年にユルゲン・グロイベルがアップグレードしたものだ。グロイベルは、1967年から1973年にブラウン社のディーター・ラムスのもとで、主に家電とボディケア機器の仕事を担った。このMP 50は、ブラウン社の一連のジューサーのなかで、最も良く知られているモデルで、1970年代のドイツで子ども時代を送った人は、当時のキッチンにあったのを覚えているだろう。金属の把手を所定の位置まで持ち上げると、各パーツが固定される。上方のコンテナに果肉を入れると、ブラウン社のロゴの下方のノズルからジュースが絞りだされる。デザイナーのグロイベルは、ブラウンを去った後、ロンドンのデザイン・リサーチ・ユニット(インテリアのコンサルティング組織)で仕事をし、ロンドン交通局などと協力関係にあった。

Biomaster

バイオマスター
クルプス | Model No. 251
ドイツ、1976年

Multipress（マルチプレス）にそっくりの製品に見えるが、実際にコピーのようにほとんど同じである。サイズも円筒状のかたちも瓜ふたつで、ジュースが出てくる注口がどちらも中ほどにある。本体と蓋を所定の位置に固定する金属部も共通で、把手となるので持ち運びしやすい。いずれも果物や野菜を搾ることができ、プラスチックの頑丈な脚が振動を抑えるデザインなので、安定している。一般の消費者は、この両者の違いに気がつかないかもしれない。実は、販売価格まで同じだった。このクルプスのBiomaster（バイオマスター）は、今日では入手困難なレアものである。

Lady Braun Super Hairstyling-Set

レディ·ブラウン スーパー·ヘアスタイリングセット
ブラウン | Model No. HLD 50
ドイツ、1972年

女性のヘアスタイリングを一手に担うと約束し、実際にそうしてくれる製品だ。このヘアドライヤーには各種の付属品があり、たとえば、便利なスプレーボトル装置をドライヤーに取りつければ、ブローしながら押すだけで、水が吹き出て髪を濡らすことができる。カールのための巻き棒も同梱されている。この手のスタイリングセットを、他の競合ブランドもまねるようになるが、なおもブラウンは先を行き、同じ年にリリースしたHLD 80は、特大モデルで付属品も増えた。また、同じく1972年に発売された男性向けのスタイリング用セットは、ほとんど同一の製品である(46ページ参照)。

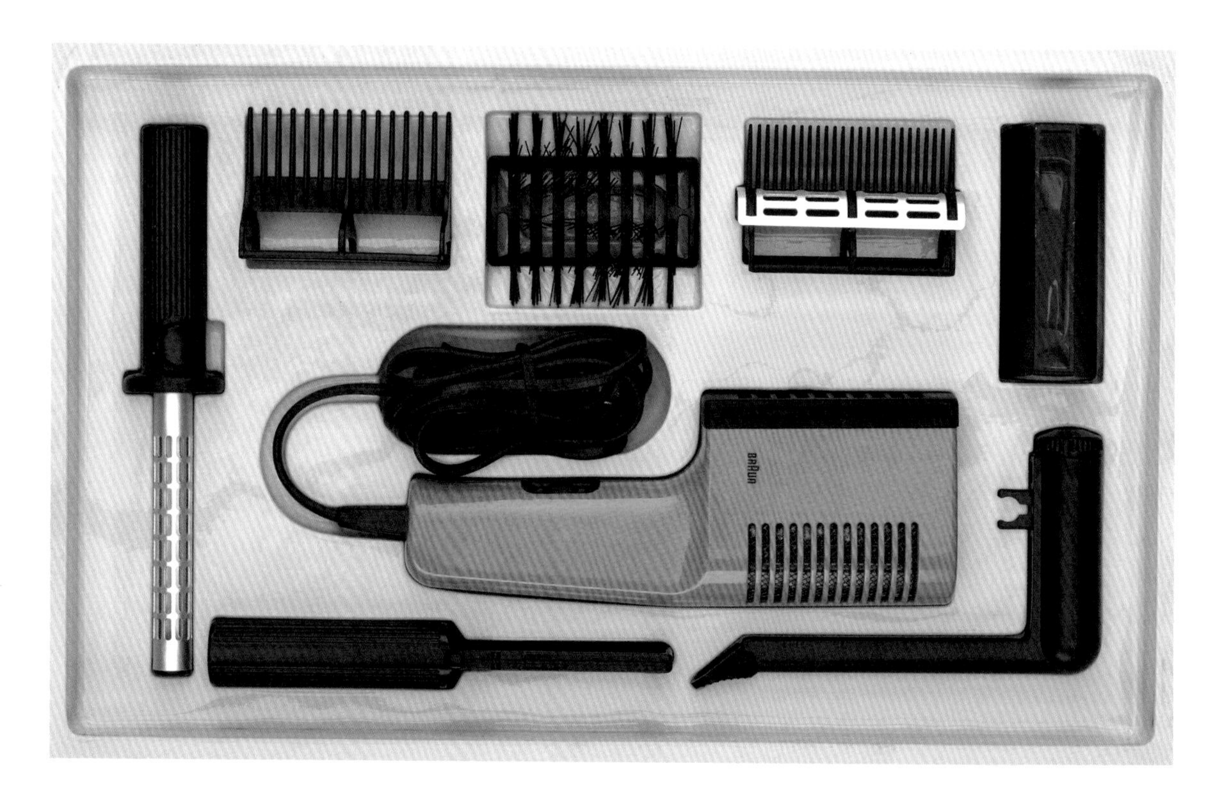

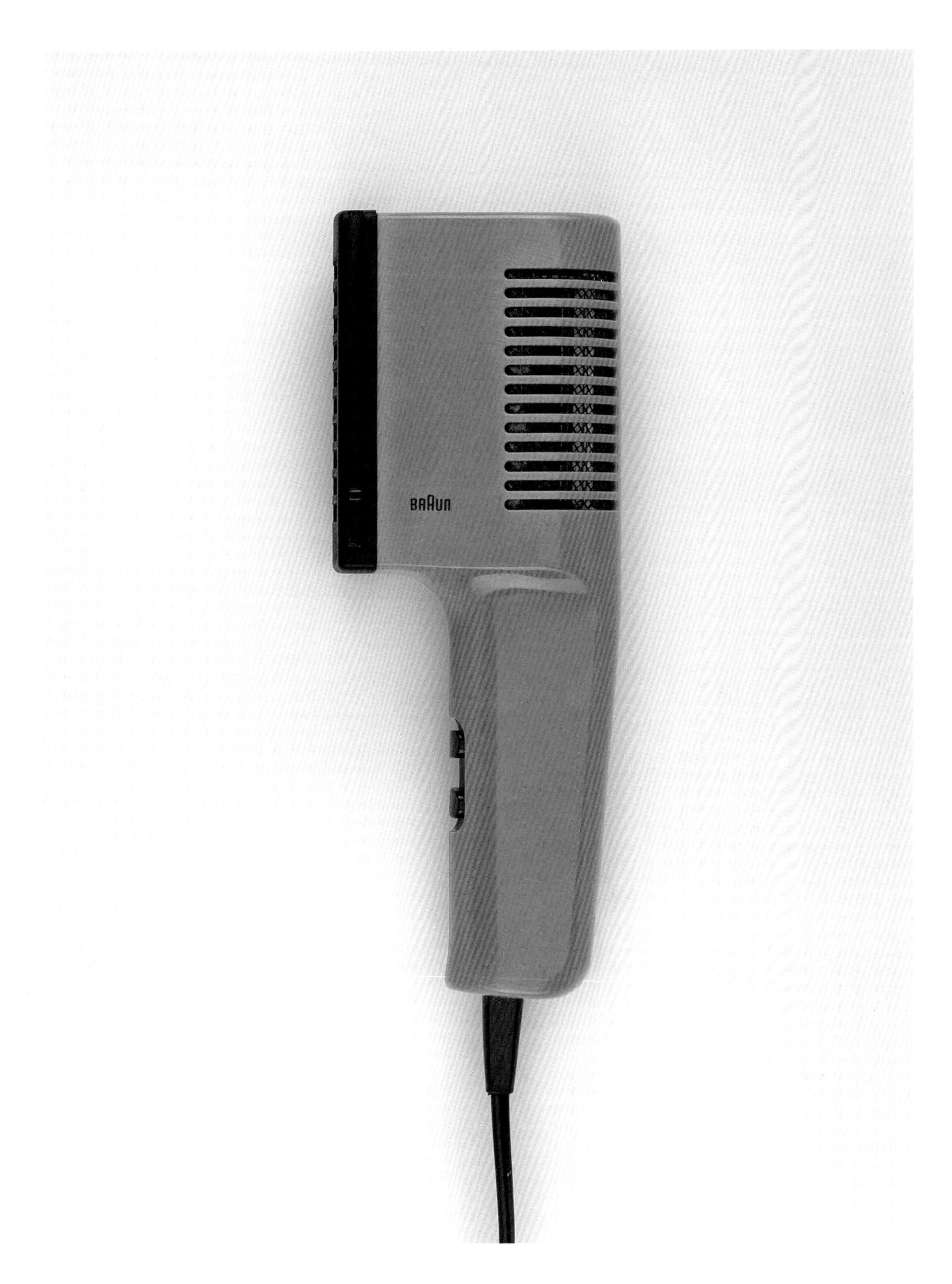
BRAUN

ブラウンは、わざとらしくない自然な感じのモデルを起用して、製品の信頼性を確かなものにしようとした

Lady Braun®
Super Hairsty

Neu: Wasserzerstäuber

Zum effektvollen Auffrischen der Frisur.
Die gleichmäßig angefeuchteten Haare können leicht und haltbar geformt werden.

g-Set

BRAUN

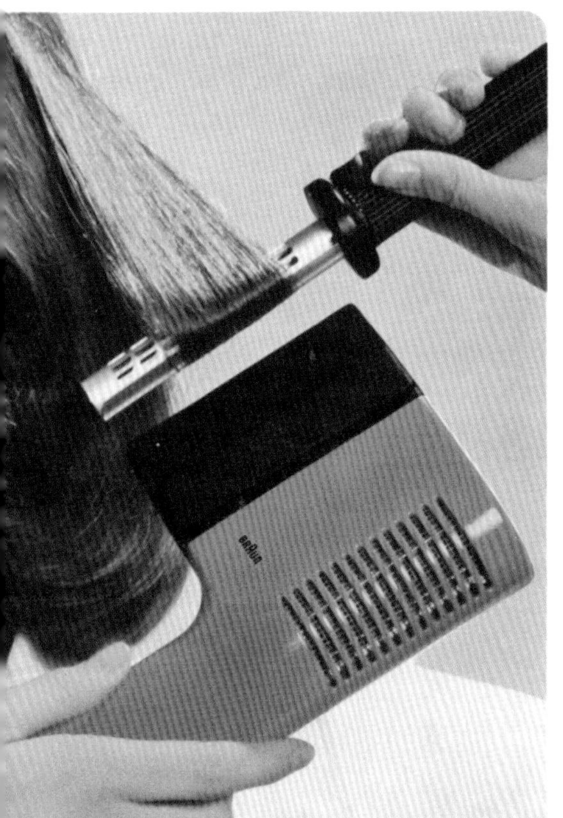

Das komplette Styling-Set

Zum
Trockenkämmen,
Trockenbürsten,
Formen, Wellen,
Entwirren, Glätten,
Auflockern und
Fülle geben.

: Ondulierstab

Locken
elner
rpartien.

Foen 1000

フーン 1000
AEG
ドイツ、1976年

このバランスの良いヘアドライヤーは、Foen 500(フーン 500)と同系列でAEGの製品だが、クルプスかブラウンのものと見紛いそうだ。というのも、光沢のある丈夫なプラスチックの外観は、よりマットなプラスチックを使う傾向のあるAEGらしくないからだ。この製品のハンドル部分は角度を変えられるので、スタイリングしやすいように調節できる。AEGは、ドイツ語でヘアドライヤーの語に聞こえる"foen"の商標権を当初から取得していた。他のブランドは、競合するヘアケア機器の商品名を工夫せねばいけないわけだ。

AEG

KM 40

カーエム 40
クルプス | Model No. 208
ドイツ、1976年

クルプスは、1960年代初期からコーヒーグラインダーの製造と販売を手がけていた。1970年代半ばまでに、コーヒーグラインダーは、安全性と耐久性の面で大きく進歩した。このKM 40は最先端の製品ではないが、そこに魅力がある。すっきりとしていて値段も手ごろで、シンプルに刃が回転して豆を挽く仕組みだ。このグラインダーが、競合他者の製品と一線を画すのは、締めた蓋が本体と接する部分に、斜めのラインを採り入れたデザインである。ささやかだが印象的なディティールが特徴だ。

Aromatic

アロマティック
ブラウン | Model No. KSM 1
ドイツ、1967年

Aromatic（アロマティック）コーヒーグラインダーは、1960年代末と同じく今でも、店に並べれば何の違和感もなく溶け込むはずだ。ラインホルト・ヴァイスによる削ぎ落されたミニマルなデザインのコーヒーグラインダーは、当時のブラウン製品の代表格である。しゃれた色で、他にもミントグリーン、ブラック、ホワイトがあり、その表面素材は薄いプラスチック製だ。作動ボタンは、より軟質のプラスチックで、コントラストが映える配色になっている。金属刃の回転で豆を挽く構造で、プラスチックの蓋の部分は、コーヒー豆を計量して本体に移すためにも使える。このコーヒーグラインダーのように、機能的なデザインは時を越える。今日ではコレクターズアイテムとなっている。

Ladyshave

レディシェイブ
フィリップス | Model No. HP 2111
オーストリア、1976年

1976年、この小型シェーバーは、これまでにない新しい配色でマーケットに登場した。しずく型の模様は、70年代の流行のデザインとわかる。角のない丸みを帯びたかたちで、平らな面はどこにもない。携帯用のケースは、蓋を回転して開けるもので、先行する商品に比べてサイズの無駄を省いた。以前のSpecial Ladyshave（スペシャル・レディシェイブ）のケースは、収納部分と蓋をカチッと噛み合わせて締めるものだった。マーリー・カイメンスによるデザインで、オーストリアにあるフィリップスの工場で製造した。電動の缶オープナーやナイフシャープナーにも用いるマイクロモーターの開発に特化した工場だ。

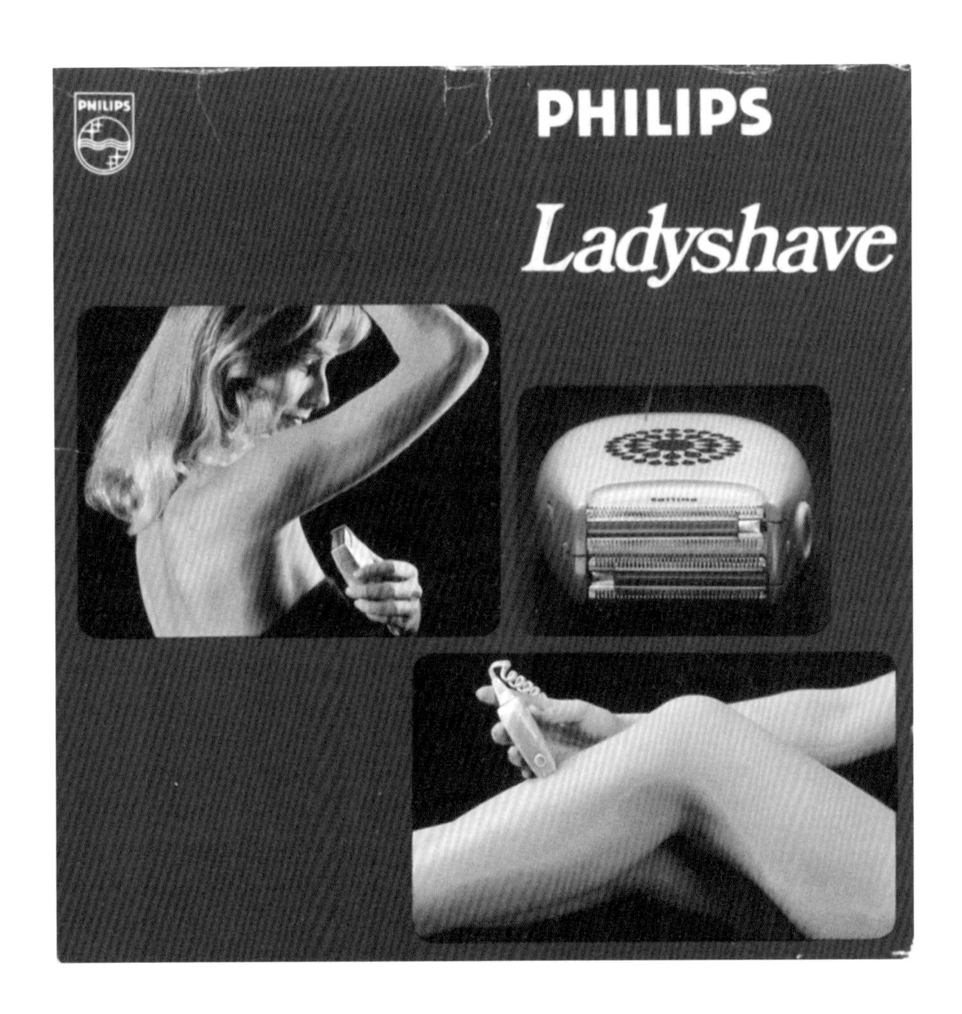

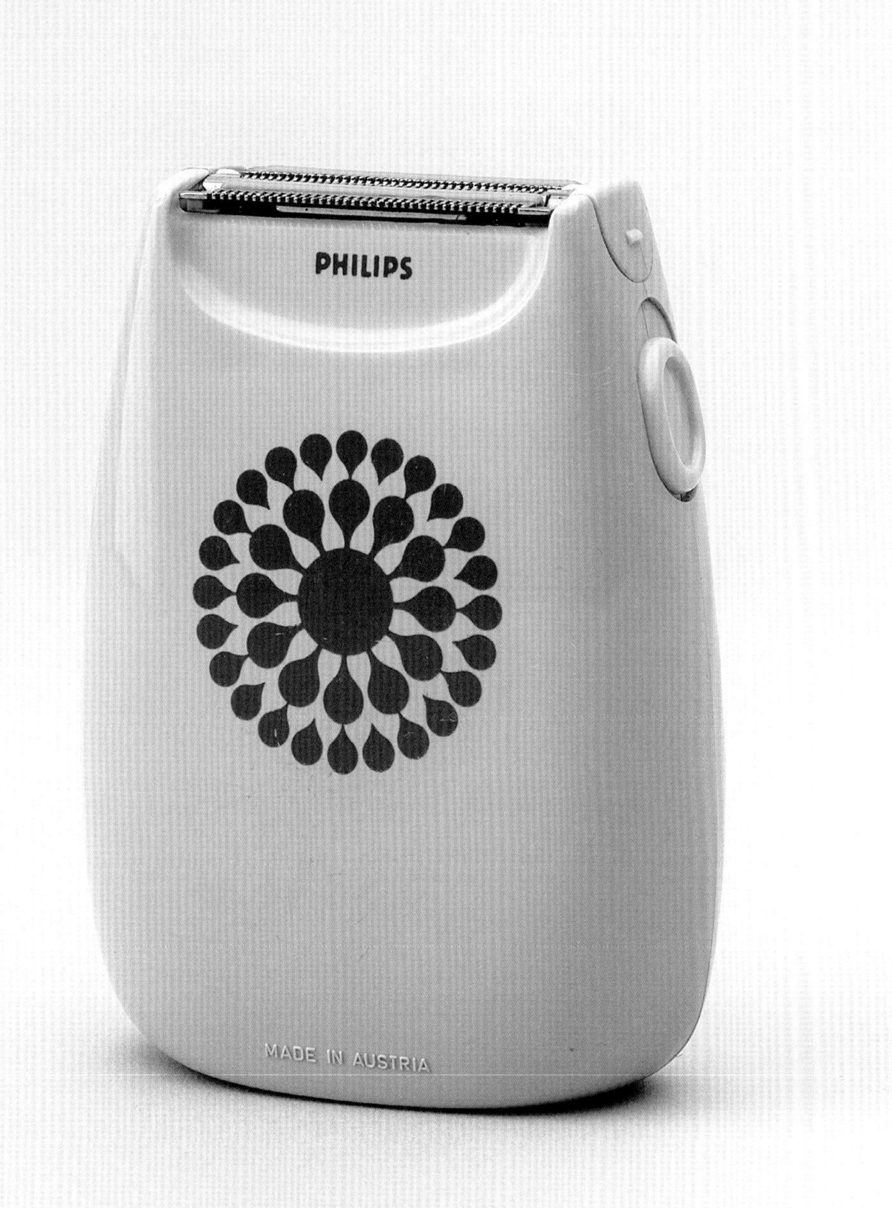
PHILIPS
MADE IN AUSTRIA

Lady Braun Cosmetic-Shaver

レディ・ブラウン　コスメティック・シェーバー
ブラウン | Model No. 5650
ドイツ、1972年

この女性用シェーバーは、ブラウンの20世紀のデザインを象徴するものだ。デザインしたフロリアン・サイファートは、1968年から1973年にブラウンのデザイン部門に勤め、そのチーフデザイナー、ディーター・ラムスによる今も名高いS60の流れを、このシェーバーが汲んでいるのは明らかだ。この製品の保管用ケースは、軟質プラスチック製で、内部はふたつに仕切られ、本体とスパイラルケーブルをそれぞれ収納する。当時、女性向けの電動シェーバーの市場で、ブラウンの真のライバルと言えるのは、フィリップスの製品だけであった。

BRAUN

Lady
Braun®
cosmetic-shaver
BRAUN
BRAUN
Made in
West Germany

Lady
Braun®

cosmetic-shaver

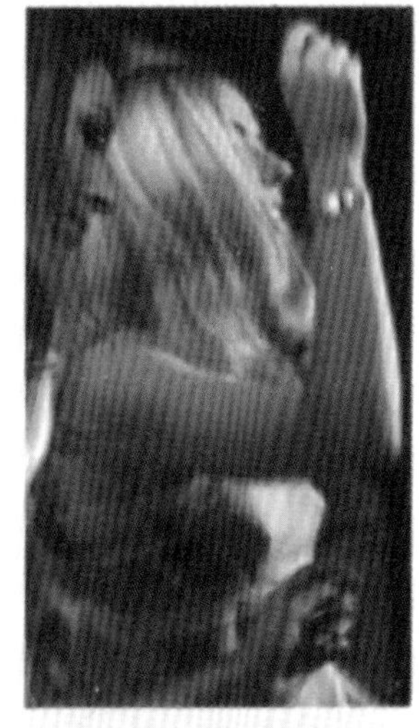

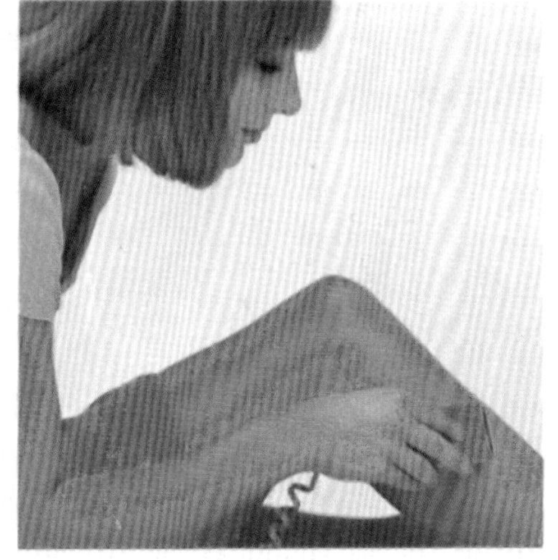

BRAUN

Made in
West Germany

さらに削ぎ落し、より良いものを（less, but better）。
ミニマリストのアプローチが最大の結果をもたらすことを、
家電の世界で証明したドイツのメーカー。

ブラウン

Braun

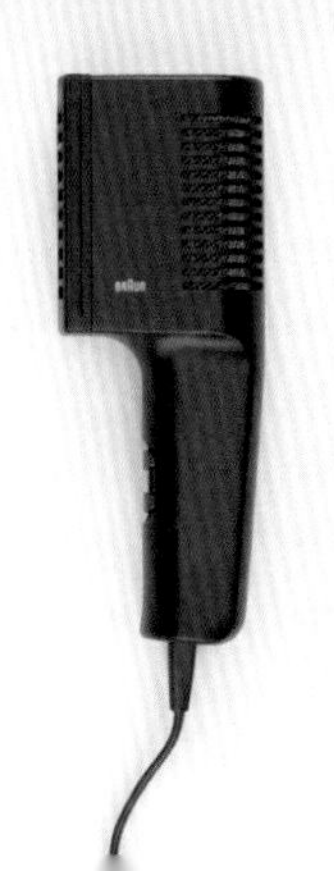

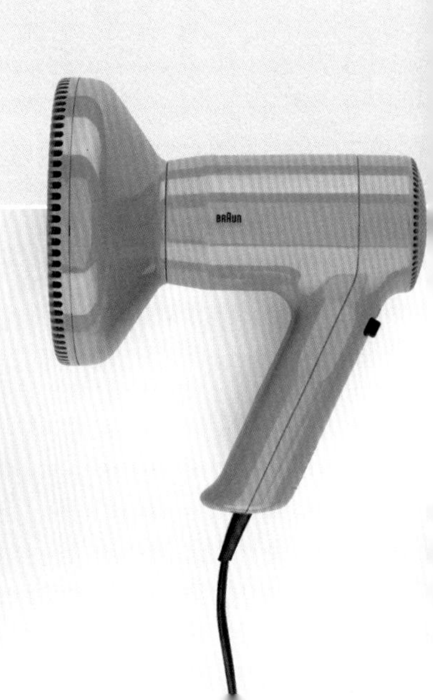

ディーター・ラムス。1961年から1995年まで、ブラウンのデザイン責任者を務める。1979年、ドイツ、フランクフルトの彼のオフィスで撮影

レディ・ブラウンのLuftkissen-Trockenhaube（ロフトキッスン・トゥロッケンホウブ）を被って楽しむ人々。1971年に発売されたフード型のヘアドライヤーである

今日、世界的にみて、時を越えたデザインの代名詞的な存在といえるのが、パーソナルケア機器と家電製品のブランド、ブラウンである。そのルーツはささやかなもので、フランクフルト・アム・マインの小さな工場にすぎない。1921年に機械工学のエンジニアのマックス・ブラウンが、当初はラジオの部品メーカーとして創業した会社だ。1929年までには会社は成功して完成品のラジオを製造するようになり、ドイツの主導的なメーカーになった。

第二次世界大戦中に、ブラウンの工場のほとんどは破壊された。戦後、活力を取り戻したマックス・ブラウンは、ビジネスの立て直しをはかり、事業を拡大させた。1950年に、Multimix（マルチミックス）というキッチンブレンダーと、草分け的なフォイルシェーバーであるS50を発売した（髭は、マックス・ブラウンにとって悩みの種だったらしい）。それがやがて、キッチンとバスルームの電気製品という、このブランドの二大部門の確立につながる。

1951年にマックス・ブラウンが突然世を去ると、息子のアルトゥールとエルヴィンが後を継いだ。エンジニアと、ビジネススクール卒業者の兄弟である。彼らは、ドイツ人の舞台美術デザイナー、フリッツ・アイヒラー博士を文化顧問として採用し、ブランドの現代化を進めた。ほどなくブラウンは、バウハウス美術学校の後継となるウルム造形大学をはじめ、さまざまな社外デザイナーやコンサルタントと連携し、有意義な関係を育んだ。大量生産可能な家電製品の新たなラインナップを、より良い明るい未来のために構想していたのである。こうした取り組みを通じて、兄弟は、バウハウスのシンプルで人間主体のデザインに感化された。

1955年に、若手建築家でウルム造形大学の教師であったディーター・ラムスが、ブラウン社のオフィスの改装に協力することになった。翌年ラムスは、プロダクトデザイナーとして雇用された。1961年、ラムスは、ブラウンが新たに設立したデザイン部門の責任者に就任し、ほどなくこの部署は、ドイツのインダストリアルデザインのパイオニアに等しい存在になる。ラムスは、ブラウンのモットーとなった、Weniger, aber besser（less, but better＝さらに削ぎ落し、より良いものを）という表現を生んだ。この言葉は、デザインは流行を追わず、その代わりに、かたちと使いやすい機能性という本質的な側面を重視すべき、というラムスの信念を如実に表している。

実験的な取り組みが奨励されるなか、ブラウンのチームは1960年代を通じて消費者の意識を変化させ、優れたデザインのテクノロジーが日常生活を一変させる潜在力をもつことに、人々は気がついた。当時の製品は、ラジオもあればコーヒーグラインダーもあり幅広い。ラムスによる極めて革新的なデザインで、光沢のある外観のT 1000 Weltempfaenger（ヴィルテンフィンガー／1963年）は、世界中のどの周波数でも受信できる初のラジオだった。また、ラインホルト・ヴァイスによるコーヒーグラインダー、KSM 1（1963年）は、ミニマリズムが際立っている。新たな可能性を拓く製品が、どれも簡単な操作で使えるようになった時代である。

1970年代になると、ポップアートがデザインの世界全体に広く影響を与えた。そうした影響は、ブラウンが洗練された機能主義という特徴は当然のこととして保ちながらも、明るい色や面白みのあるかたちを採り入れた点にうかがえる。

その顕著な例として、ユルゲン・グロイベルによる、レディ・ブラウンのLuftkissen-Trockenhaube（ロフトキッスン・トゥロッケンホウブ／1971年）がある。もはや伝説となった、蜜柑色のフード型ヘアドライヤーだ。その他にも、フロリアン・サイファートがデザインしたLady Shaver（レディ・シェーバー／1972年）のかたちは円筒状で、この電池式のシェーバーは、ひとつのボタンをスライドさせれば、3つの異なる機能がそれぞれ作動する。

1980年代には、腕時計ほか時計の分野で、明晰さと洗練さに裏打ちされた新たな地平を拓いた。一方で、キッチンやバスルーム用の、先見性のある家電製品も引きつづき強化し、小型のフードプロセッサーや、人間工学（エルゴノミクス）にもとづくデザインのヘアドライヤーなどを幅広く手がけた。1984年に、ブラウンはジレット（この米国企業が1967年からブラウンの支配株主となっていた）の完全な子会社になった。その後、ジレットを2005年に買収したプロテクター・アンド・ギャンブル（P&G）のもとで、ブラウンは成長を続ける。ラムスは1995年にブラウンを去ったが、彼が遺した良いデザインの10ヵ条は長く語り継がれ、後進のために道筋をつけた。

こうした努力の営みのあいだ、ブラウンは最先端の製品のクリエイターとして、成長を遂げながら、絶えることなく名声を保ってきた。小型家電のさまざまな分野で世界をリードし続けており、どの製品も、シンプルな外観、揺るぎない耐久性、人間を主体とした機能性が特徴である。

Braun 550

ブラウン550
ブラウン | Model No. HLD 550
ドイツ、1976年

装飾的な要素を廃した1970年代半ばのヘアドライヤーである。細身で無駄のないデザインの唯一の華やかさは、その明るいオレンジ色であり、何よりも明白な70年代の証といえる。吹き出し口からハンドルまで継ぎ目のない一体型であり、通気孔が規則的に並ぶエリアがある。電源コードは、ドライヤーのハンドルの内部にまとめて収納できる。この製品のデザインはハインツ・ウルリッヒ・ハッセで、彼は1973年から1978年のブラウン在職中に、複数のヘアドライヤーをデザインした。

BRAUN

Citromatic de luxe

シトロマティク・ドゥ・リュクス
ブラウン | Model No. MPZ 21
スペイン、1972年

ブラウンのCitromatic de luxe(シトロマティク・ドゥ・リュクス)は、デザイン責任者のディーター・ラムスと、専任デザイナーのユルゲン・グロイベルが協同でデザインした製品だ。スペイン市場に狙いを定めた商品で、ブラウンがスペインの企業、プリメルを買収し、そのバルセロナ工場で製造を開始した直後のことであった。商品は大当たりで、ヨーロッパ各地で販売されるようになった。1994年にブラウンは本製品をわずかにアップデートしたモデル、MPZ 22を売りだし、そのデザインも、ラムスとグロイベルのコラボレーションである。

BRAUN
MPZ 21

Braun
Citromatic
de luxe

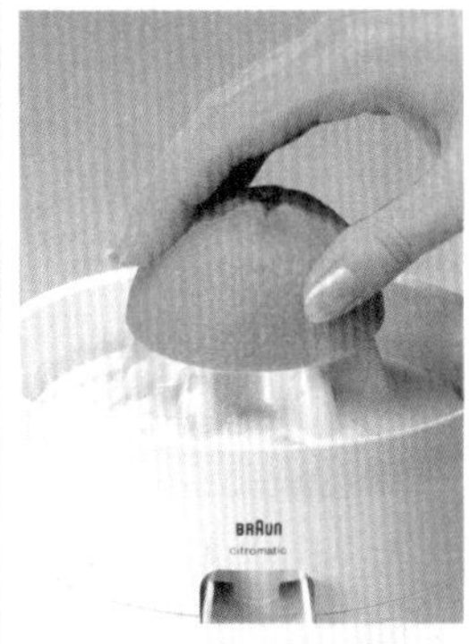

Leichte Handhabung
Simple to operate
Facile à utiliser
Fácil de usar
Fácil de úsar
Semplice da usare
Eenvoudig te bedienen
Nem at betjene
Enkel å betjene
Lätt att använda
Helppokäyttöinen

Direkter Saftauslauf ins Glas
Direct flow for unlimited capacity
Capacité illimitée : le jus coule directement dans votre récipient
Flujo directo para capacidad ilimitada
Fluxo directo, para uma capacidade ilimitada
Flusso continuo per capacità illimitata
Sap loopt direkt in het glas
Juice-afløb direkte i glas eller ekstern beholder
Direkte utstrømming og ubegrenset kapasitet
Direkt genomflöde för obegränsad mängd
Rajoittamaton vetoisuus, mehu valuu suoraan lasiin

BRAUN
citromatic

Coffina Super

コフィナ・ズーパー
クルプス | Model No. 223
ドイツ、1976年

クルプスは、Coffina(コフィナ)というシリーズで、コーヒーグラインダーを発売した。中でも、クルプスで長きにわたり中心的なデザイナーであった、ハンス=ユルゲン・プレヒトによるCoffina Super(コフィナ・ズーパー)は、サイズが最も大きい。また、このグラインダーは、思わぬところにも余波が生じた。レトロ・フューチャーな(かつて思い描いた未来を感じさせる)このデザインは、ハリウッドで『バック・トゥ・ザ・フューチャー』や『エイリアン』といったSF映画の小道具デザイナーに影響を与え、そうした映画のなかにCoffina Superが現れるのだ。ハリウッドの話はさておき、このコーヒーグラインダーは、ドイツのブランド、クルプスにとって、有力な競合相手、ブラウンの製品との違いを決定づけた、意義深いものだった。

Coffee Grinder

コーヒーグラインダー
フィリップス | Model No. HR 2109
オランダ、1970年

HR 2109は、低価格で丈夫、シンプルかつクラシックなコーヒーグラインダーで、色はレッド、イエロー、ホワイトがあった。ピーター・シュトゥトによるデザインで、それまでの15年間、時代遅れにみえるコーヒーグラインダーを製造していたフィリップスにとって、この製品は新たな出発点となった。HR 2109が、フィリップスのコーヒーグラインダー部門においてデザイン制作の転換点となり、競合他社商品に匹敵する制作につながったのである。外観ばかりではなく、質も優れていて使いやすい製品である。

Kaffee-Mahlwerk

カフィ・マルヴェク
SHG（エスハーゲー）| Model No. MK 521
ドイツ、1978年

大型の直方体のデザインは、コーヒーグラインダーとしては変わっていて、1970年代末であっても珍しい。けれども、上部の仕切り内にはコーヒー豆を入れるスペースが十分にあるし、透明な窓が2カ所に備わっていて、上の窓からは粉砕されていく豆が見え、横の窓は、粉になったコーヒーがたまっていく容器となる。こうした点に、まるで建築構造物のような、このマシンのクオリティが感じられる。高いデザイン性を小さな会社が生みだした好例である。

Supermax Swivel

スーパーマックス・スウィヴェル
ジレット| Model No. 3950
日本、1977年

1967年にブラウンを買収した米国のブランド、ジレットが発売したヘアドライヤーだが、製造は日本である。誰がデザインしたのか明らかではないのは、実に残念なことだ。ユニークなデザインで、実際よりも10年は新しい商品と見紛うほどだからである。Supermax Swivel(スーパーマックス・スウィヴェル)は、シンプルかつ幾何学的で、赤色の部分が際立っているのが特徴だ。このドライヤーは、吹き出し口を上に向けると真っすぐになり、付属のブラシを取りつけると、ボリュームたっぷりのヘアスタイリングに使える。厚手のプラスチック製の櫛も付いており、こちらも鮮やかな赤色である。

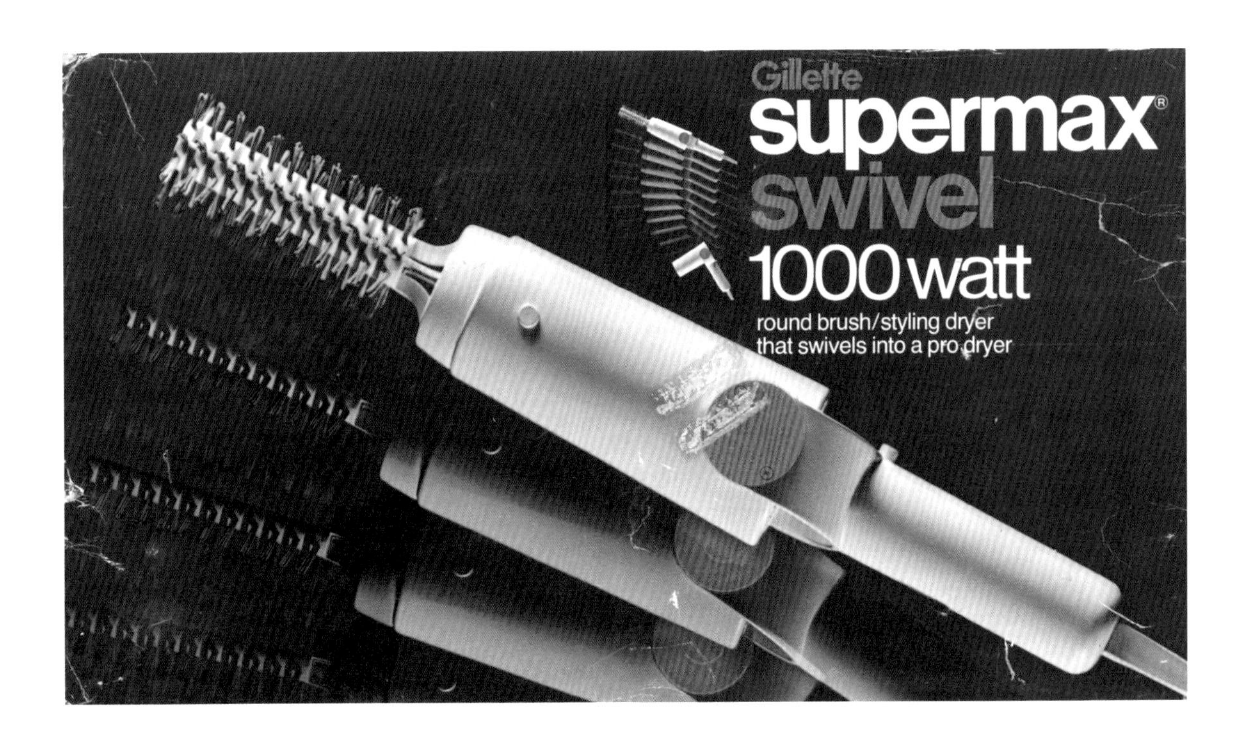

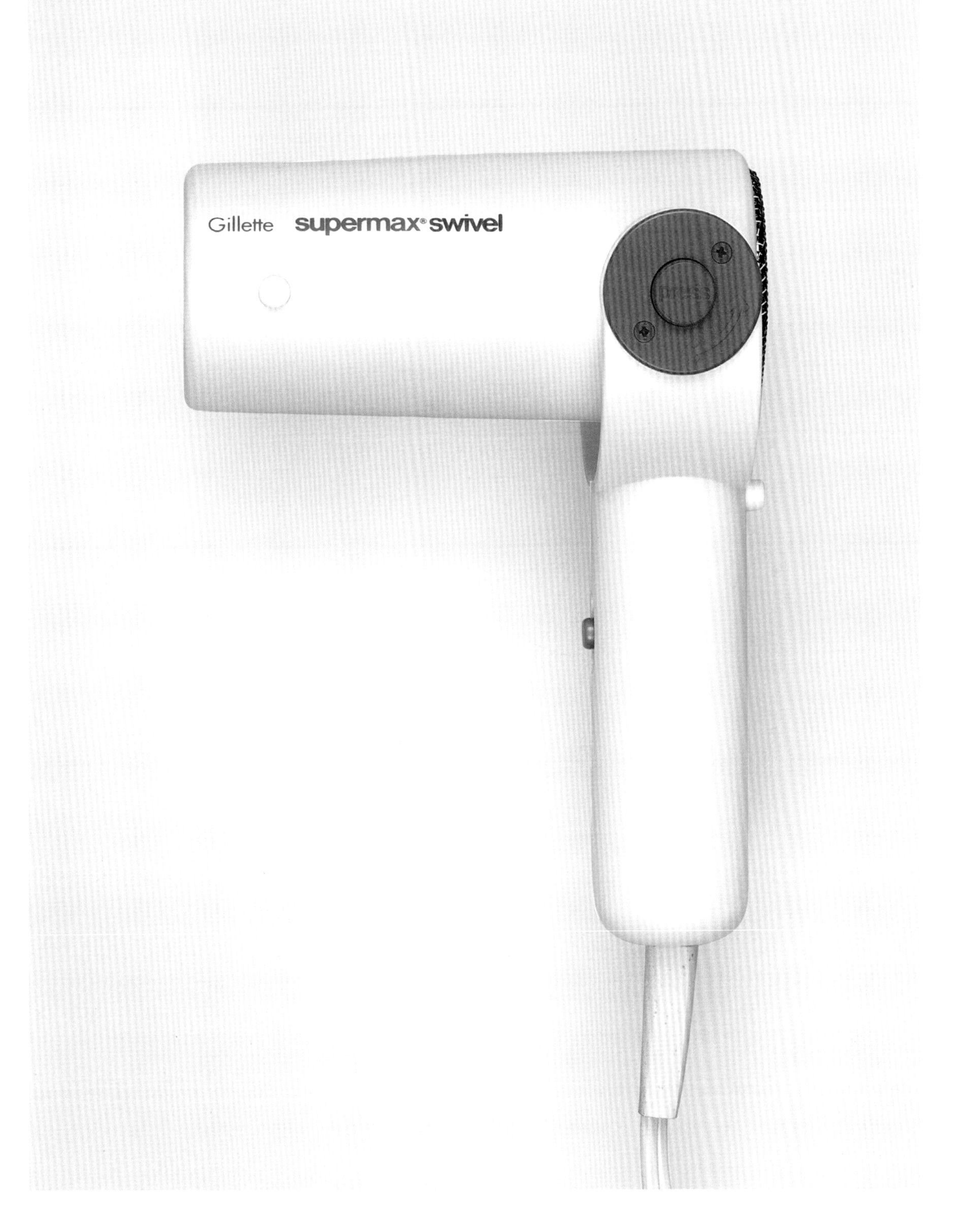
Gillette
supermax® swivel

Addigramm M

アディグラム M
クルプス | Model No. M 844
ドイツ、1975年

コーヒーグラインダーやエスプレッソマシン、ジューサーの製造以前から、クルプスはキッチンスケールをつくっていた。1846年創業のこのブランドの始まりは、正確に計量できるスケールの製造だった。1975年にAddigramm M(アディグラムM)を発売した当時、クルプスはドイツの代表的なスケール製造業者として、その品質と正確さで知られていた。艶のある白いプラスチックのこの製品は、揃いのボウルがついているので、2種類の使いかたができる。ボウルをはかりの上に乗せて計量容器としてもよいし、ボウルを使わずに肉や他の食材を直接置いてはかってもよいのだ。使わないときは、ボウルをひっくりかえし、はかりの上に蓋のようにかぶせると場所をとらない点も、注目すべき特徴である。

KRUPS

Intercity

インターシティ
ブラウン | Model No. 5545
ドイツ、1977年

明らかにビジネス旅行者をターゲットとした製品だ。それは商品名にもうかがえ、1971年にドイツの鉄道ネットワーク、ドイチェ・バーン(ドイツ鉄道)が運行を開始した列車、インターシティを想起させる名だが、混同することはないはずだ。この優れものの機器は、壁に取りつけられる特製の充電ドックが付いていて、忙しくてもさっと収納できる。黒色でまとめた機器は、同じ年に発売されたやはり黒色の電卓 Braun ET66や、腕時計 DW 20など他のブラウン製品とも統一感がある。

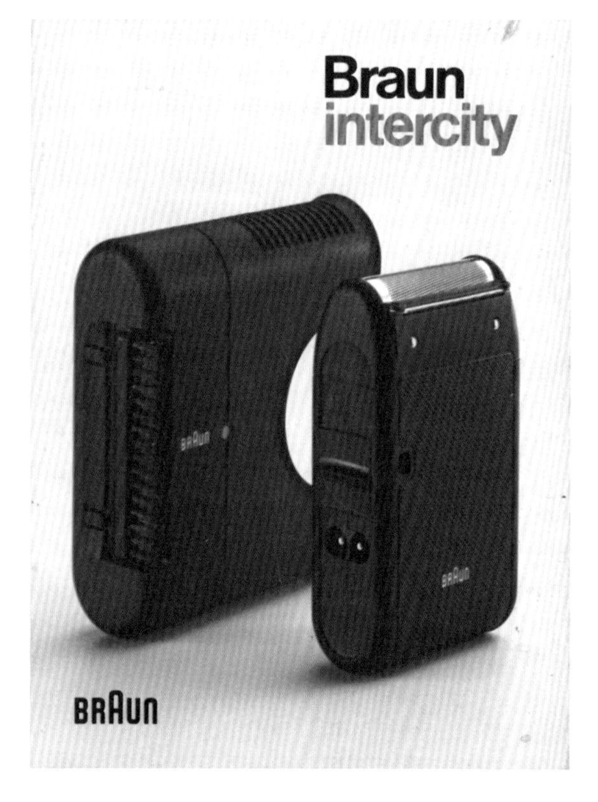

BRAUN
BRAUN

Thermic Jet

サーミック・ジェット
クルプス | Model No. 439
ドイツ、1976年

航空機や宇宙飛行を思わせる未来志向の名が付けられた、この飾り気のないヘアドライヤーは、1970年代のドイツの家庭の洗面所で主流となった。クルプスが長年発売してきたヘアドライヤーは、どのモデルも、ブラウン社のドライヤーのデザインに徐々に似てきたのだが、ここに取り上げるモデルは、クルプス製品のなかで最新かつ最高と言えるものだった。ふっくらと丸い部分は、比較的大きめのモーターを内臓している。付属のブラケットがあり、ドライヤーを壁に取り付けたり、カウンターの上に立てて置いたりできる。Thermic Jet(サーミック・ジェット)は、写真のオレンジの他に、ホワイト、アボカドグリーンの3色がある。これまでのクルプスのヘアドライヤーのなかで、最も大きくパワフルであり、おそらく見栄えの点でも上位に入ると思う。

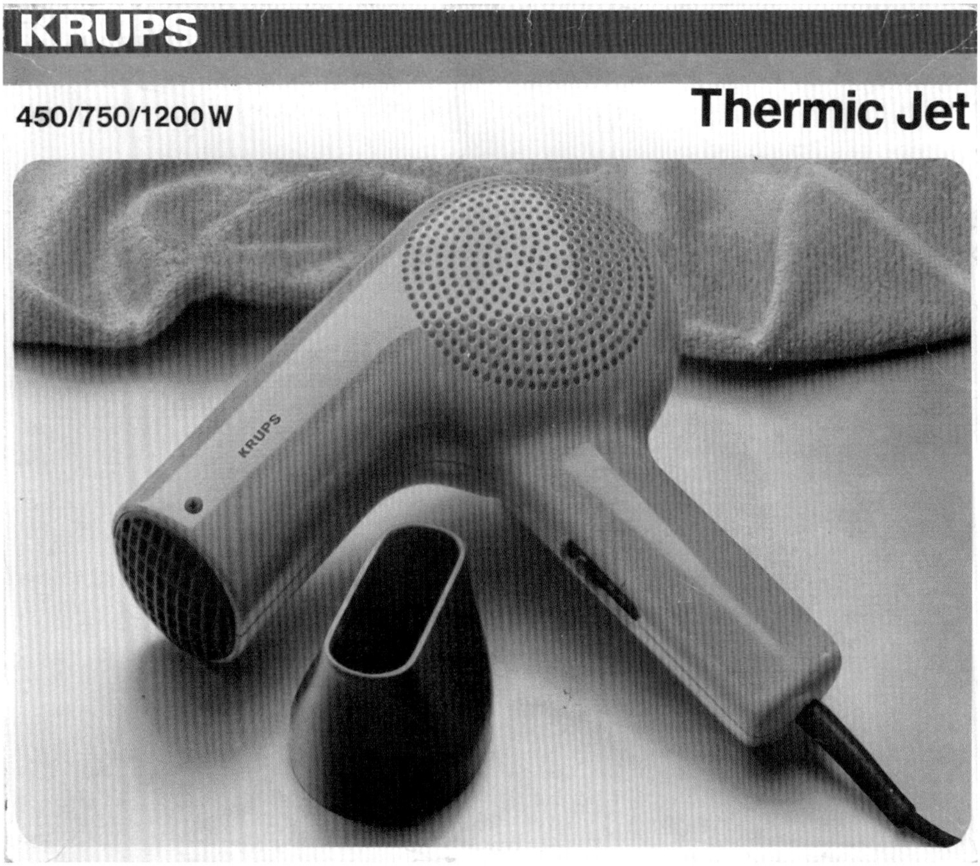

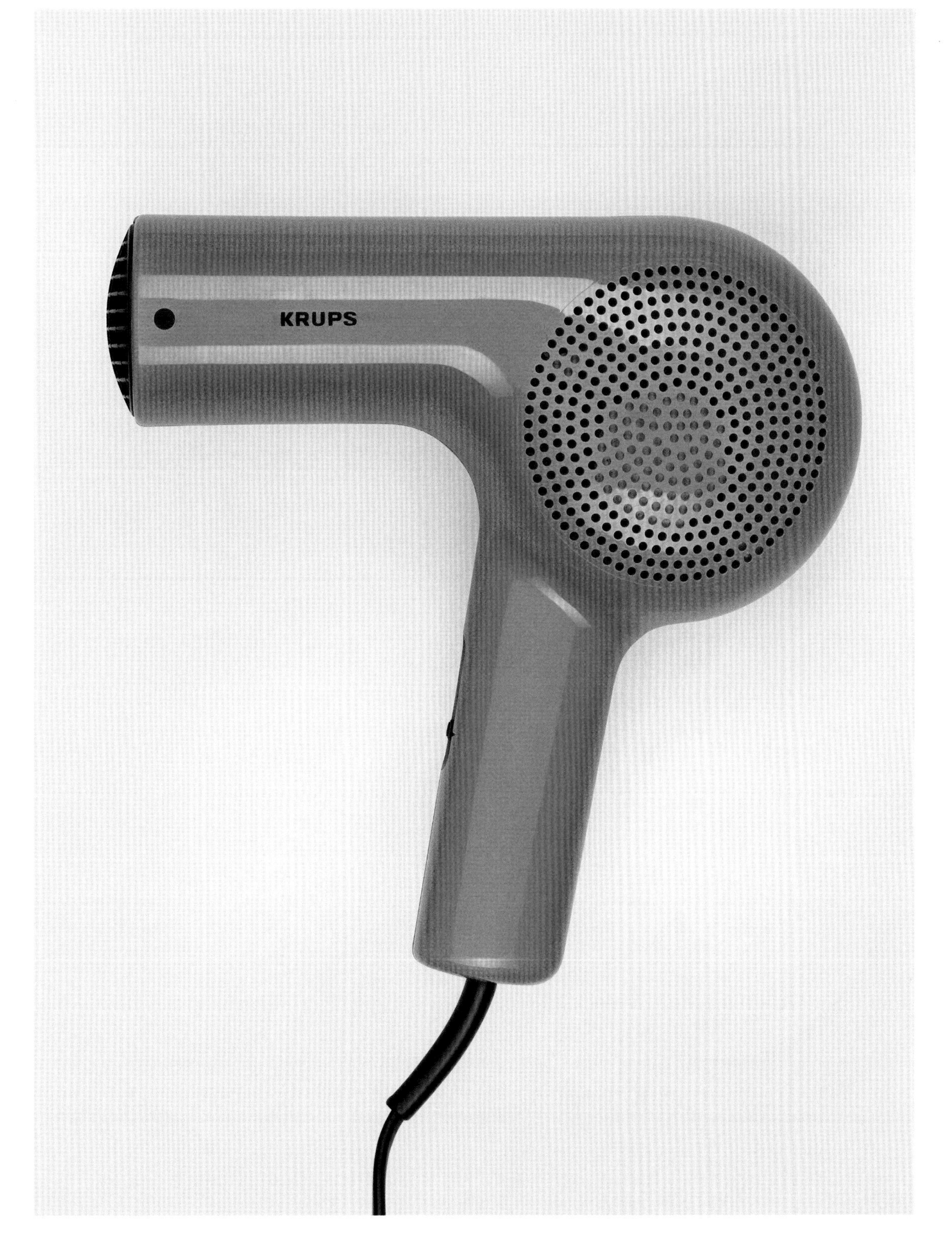
KRUPS

Die Schwebe Leise

シュヴィーバ·ライズ
フィリップス | Model No. HP 4628
オランダ、1978年

このシャルトリューズ色の機器は、歯科医院に置いても場違いではなさそうだが、実際は、髪を乾かしながら自由も叶えると謳った商品だ。ピーター・ナーゲルケルケがデザインしたHP 4628は、れっきとしたフード型ヘアドライヤーなのである。商品名を訳すと「静かなホバリング」という意味で、これは、モーター部分をショルダーバッグに収納して持ち運べるので騒音が少ない点が、製品の特徴だからだ。耳元でモーター音が気にならなくなるし、静かだとドライヤーを被ったまま同時にできることが増える。パッケージのモデルも見てのとおり楽しげで、電話の声も聞こえるし、部屋の片付けも子どもの相手もできる。この機器の丈夫な硬質プラスチックは、当時のフィリップスのやはり革新的な製品だったオールプラスチック電気掃除機、HR 6240シリーズと同じ品質である。

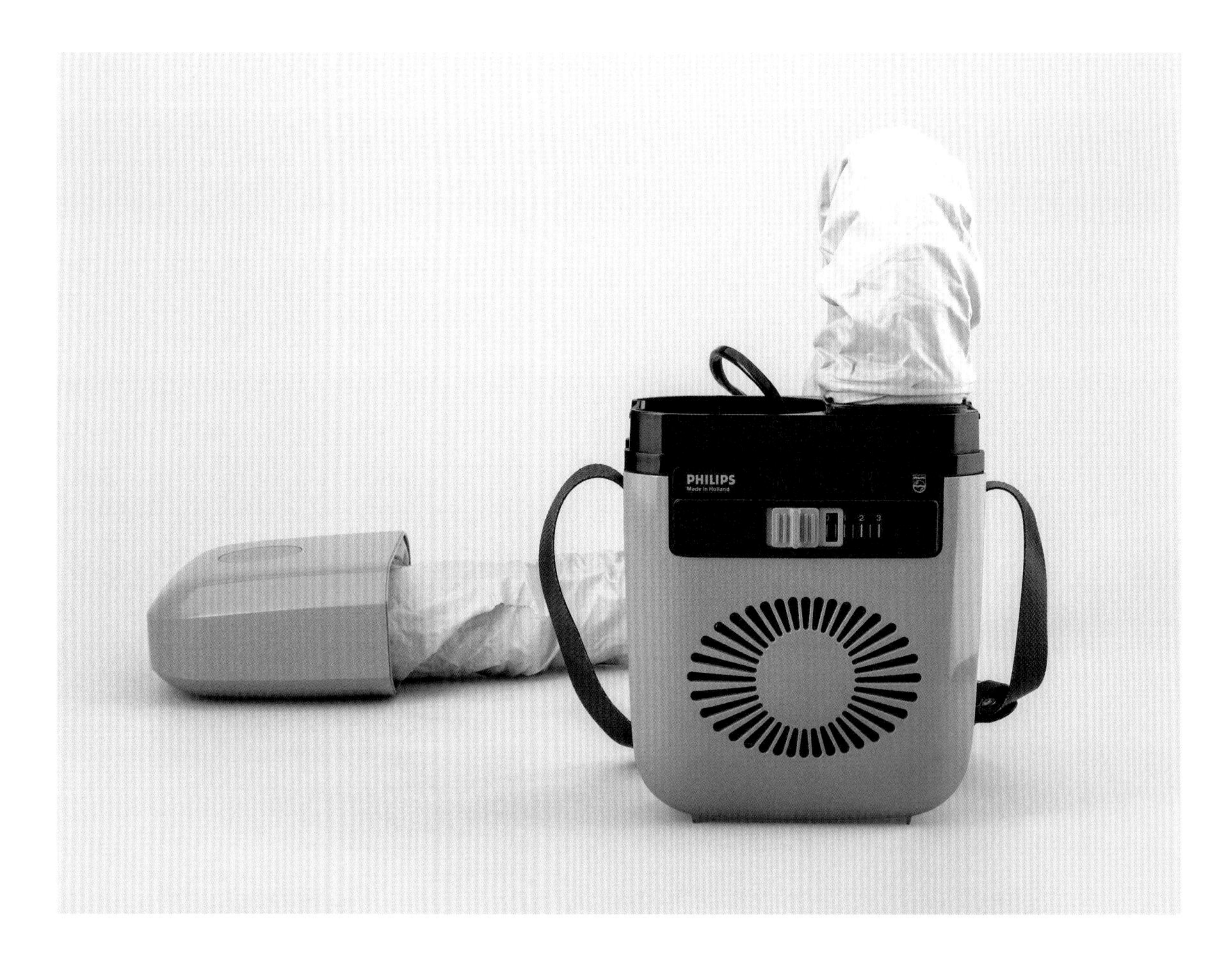

PHILIPS
Made in Holland
0 1 2 3

Die Schwebe Leise(シュヴィーバ·ライズ)は、低騒音、手軽、便利、と宣伝され、当時の最も優れたフード型ヘアドライヤーだった。パッケージの写真撮影はクリストファー·ジョイス、パッケージのデザインはヘンク·ジャン·ドレンセン

PHILIPS

"die Schwebe Leise"
Philips Schwebehaube

low noise
compact Hairdrier

Power Turbo

パワー·ターボ
ゼネラル·エレクトリック | Model No. PRO-10
シンガポール、1977年

ヘアドライヤーのような日常的なものにしては、ずいぶんと威圧的なのは、銃身のような部分に、当時のゼネラル·エレクトリック好みのレトロな太文字で記した、Power Turbo（パワー·ターボ）という名称のためだけではない。“ピストル·ドライヤー”というアイデアを、かたちで追求したデザインなのだ。グリップには孔口が並び、電源スイッチは引き金のようで、リボルバーを思わせる。ドライヤーは3段階の切り替えができ、表面には丈夫なベージュのプラスチックを用いている。

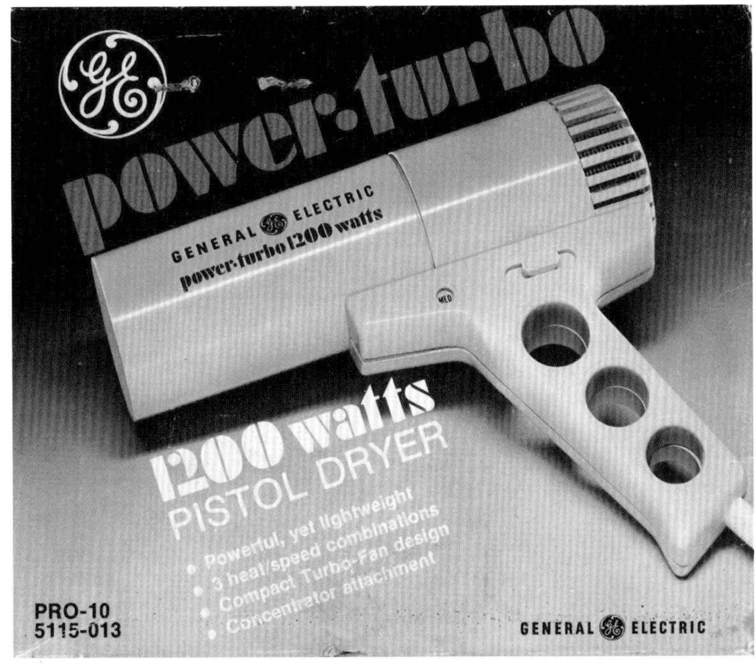

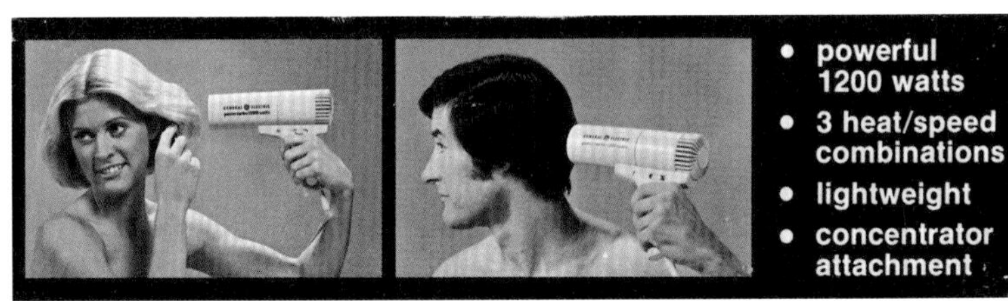

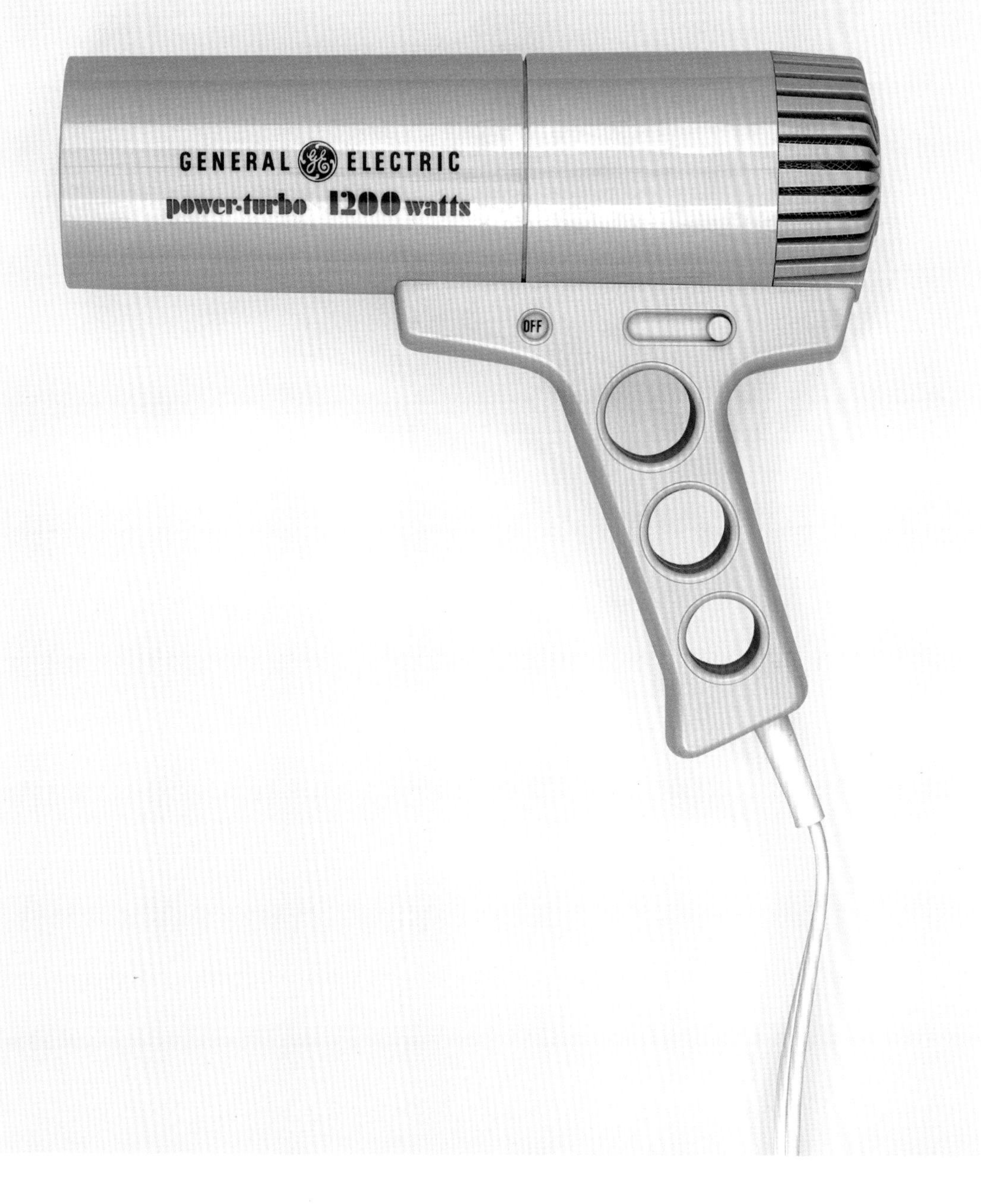
GENERAL ELECTRIC
power-turbo 1200 watts
OFF

Automatic Egg Boiler

オートマチック・エッグボイラー
ティファール | Model No. 39907
フランス、1976年

一般的なエッグボイラーのデザインを受け継ぐ、ティファールの1970年代半ばの製品だ。居心地の良さそうな輪のなかに、卵が、まるで巣のなかで身を寄せ合うようぴったりと収まる。70年代らしいオレンジ色の頑丈なプラスチック製で、透明な褐色のカバーが付き、ティファールのロゴで飾っている。この製品の他とは少し異なる特徴は、一般的には横についているハンドルが、中央にある点だ。他のブランドが、いくつか色を変えて発売した同様の製品もある。

TEFAL

The Looking Glass

ルッキング・グラス
ゼネラル・エレクトリック | Model No. IM-4
日本、1978年

「Versatile! Convenient!（使い道が広い！これは便利！）」と宣伝する箱の中身は、ゼネラル・エレクトリックの鏡、The Looking Glass（ルッキング・グラス）である。そうした謳い文句より前に、パッケージ上でまず目を引くのは、ずんぐりと丸くレトロな文字デザインだ。売りこみの言葉とともに、この幾何学的でシンプルな鏡の3種類の使いかたも図示される。手鏡としても、壁掛け鏡としても、カウンター上に置いても良いのである。ハンドルは取り外せるので、旅行に持参するさいは収納も簡単だ。6角形のフレームがついていて、黄色の色づかいが効いている。鏡の裏側は拡大鏡になっていて、どちらもライトが丸く点灯する。The Looking Glassが手本とした鏡は、Consul Spectralux（コンスル・スペクトルラックス）といって、評判は悪かったが、ディーター・ラムスのデザインによりスペインのバルセロナにあるブラウンの工場で製造されたものだ。

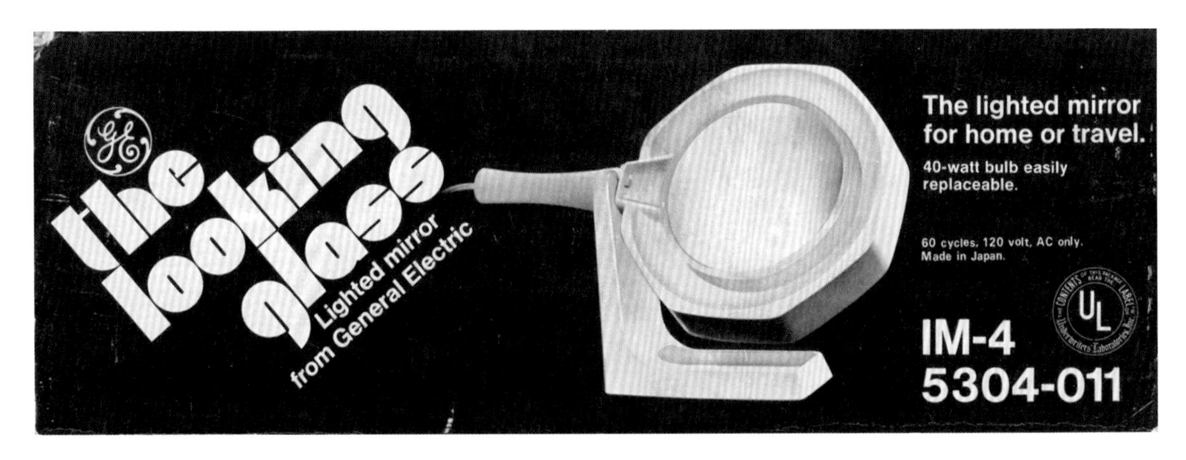

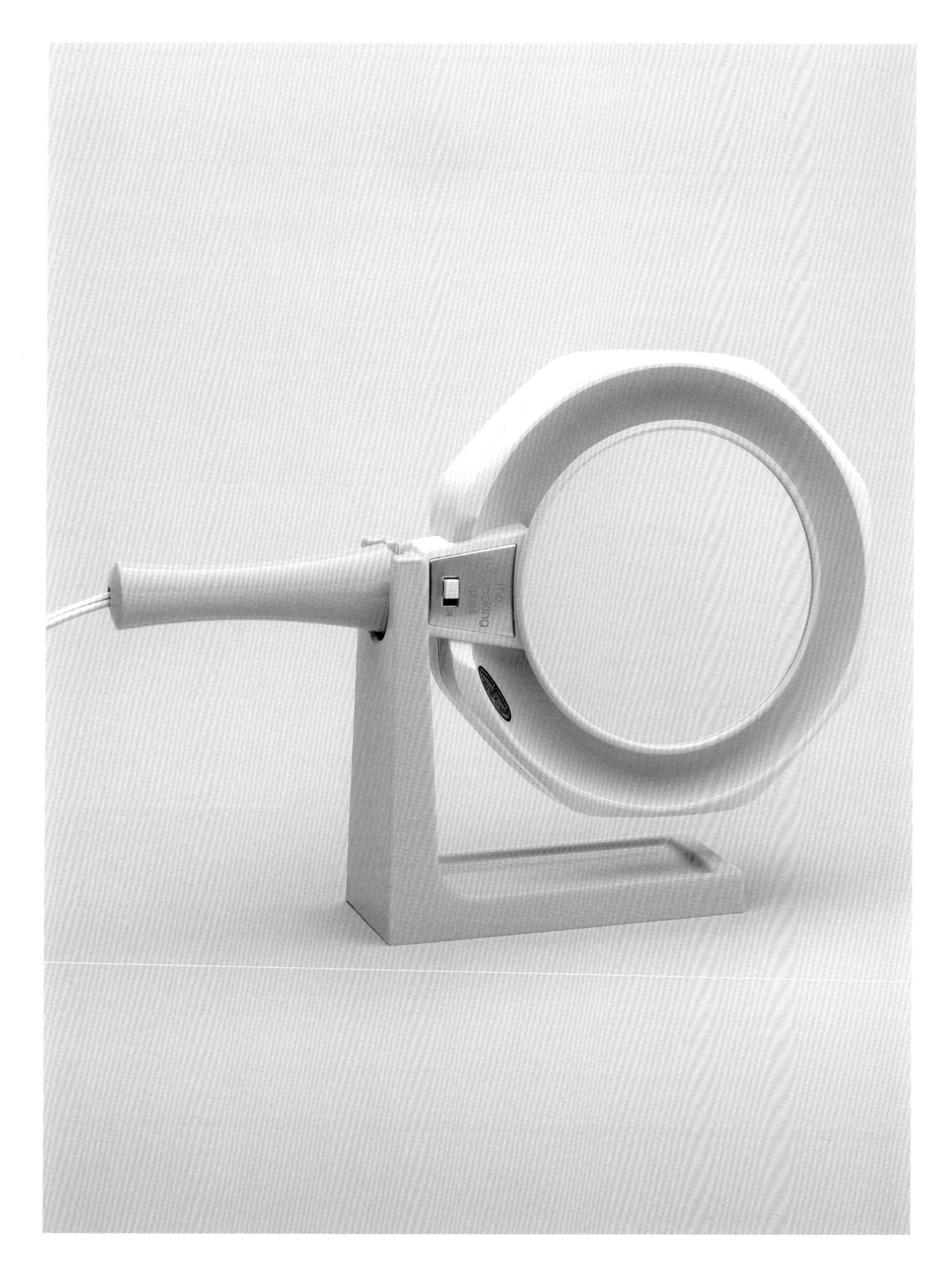
the
looking
glass

Elektro-Filterkaffeemühle

エレクトロ・フィルターカフェムル
エミーデ | Model No. KM 11
ドイツ、1978年

1970年代のこのコーヒーグラインダーは、見た目以上の機能を備えている。蓋を開けると、豆を挽く装置が現れるのに加え、もうひとつの使いかたが判明する。はずした蓋をひっくり返し、ペーパーフィルター、メリタ101／102(1〜4杯用)を取りつけてマグカップやコーヒーポットの上に置くと、コーヒーをドリップできるのだ。エミーデのロゴがふたつあって、一方は逆さまになっているのも気が利いている。グラインダーとして使うときも、蓋を使ってコーヒーを抽出するときも、ロゴを正しい向きで読めるからだ。さらにKM 11は、挽く秒数を調節するタイマーが、よくある単純な機械式ではなく、空気圧式なのも驚きである。

EMIDE
EMIDE

Mahlwerk-Kaffeemühle K4

マルヴェク·カフェムル K4
ボッシュ | Model No. K4
ドイツ、1974年

　このコンパクトなコーヒーグラインダーは、1974年に売りだされた。角が丸くやわらかい外観で、透明なプラスチックの容器部分に挽きたてのコーヒー粉がたまる。このK4は、色づかいによって操作部を強調している。特大の電源ボタンと、挽き具合を調整するシンプルなスイッチが、本体のプラスチック面からくっきりと浮かんで目立つのだ。この製品は、色違いで4色ある(下写真掲載の3色と白色)。先行する1968年発売のK1は、モーター部分が倍の大きさだったのに比べ、このK4はかなり進化した。やはり先行モデルである1972年のK3は、人気が高く、他のブランドからも類似品が発売された製品で、K4とよく似ている。

BOSCH

Kaffeemühle K12

カフェムル K12
ボッシュ | Model No. K12
ドイツ、1977年

発売後すぐ、コーヒーグラインダーの市場を制した製品である。シンプルなデザインながら、挽きたてのコーヒーを直接ドリップ用のフィルターで受けることができ、挽き具合と量の設定もできる。コーヒー豆の収納部分がたっぷりと大きいので、一度に12杯分の豆を、簡単かつ正確に挽ける。K12のカラー展開は3色だ。類似の製品で、より角張ったかたちのものが、競合相手のメリタから発売された。

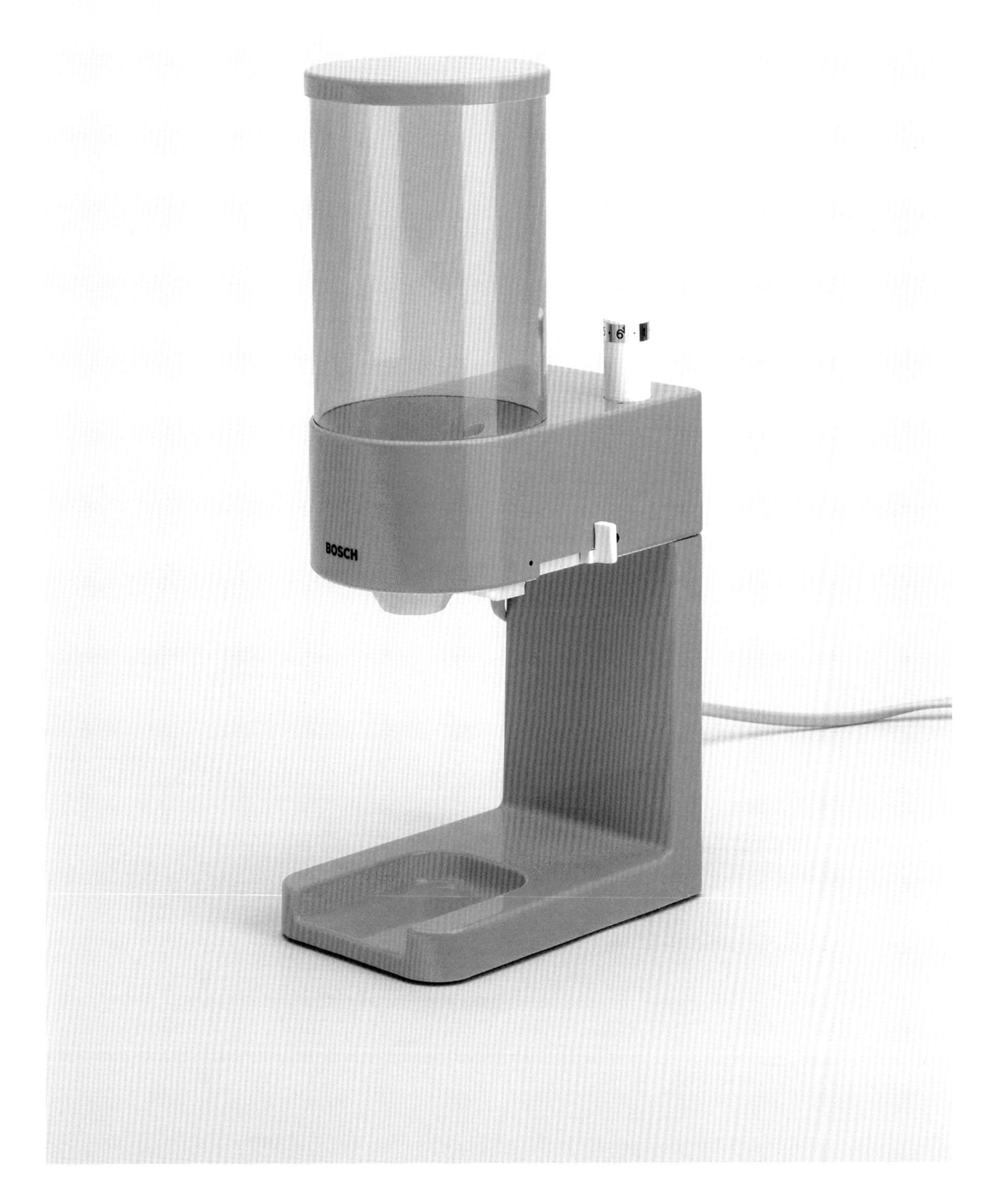
BOSCH

Kaffee-Automat T8

カフェ·オートマート T8
クルプス | Model No. 265
ドイツ、1974年

クルプスによるこのコーヒーメーカーは、家庭に新たなコーヒーの抽出法を届けた特色ある商品だ。一般的な、フィルターを用いてゆっくりとドリップする製品と違い、このT8は、沸騰した湯が容器の上部を押し上げる加圧のメカニズムを用いて、コーヒーを一気に抽出する。おかげで、十分な量のコーヒーを短時間でいれられるのだ。このコーヒーメーカーは、当初ディーター・ヴァイセンホルンがデザインしたが、後の1990年代初めに再発売された後継モデルは、構造はシンプルになったものの、耐久性の乏しいつくりだった。

KRUPS

Cafetière Filtre

カフティエ・フィルタ
セブ | Model No. 980
フランス、1979年

セブのCafetière Filtre（カフティエ・フィルタ）は、角がなく丸みを帯びた美しいカーブが、未来を感じさせるデザインだ。この発売の時点までに、セブの製造技術は大きく進歩し、頑丈なプラスチックを艶やかに仕上げられるようになっていた。今日では標準化しているドリップ・ストッパーという機能を備えた、最初期の製品のひとつでもある。セブは、この機能を早くから導入したメーカーで、抽出途中にコーヒーサーバーを取り外しても大丈夫なのは、ドリップの流れが止まるよう設計されているからだ。

9
8
7
6
5
4
3
2
SEB

Kaffeemühle

カフェムル
AEG | Model No. KM 101
ドイツ、1979年

このAEGのコーヒーグラインダーは、バランスよく調和のとれたかたちをしており、ここで紹介するのは、珍しいダーク・ブラウンのモデルだ。大きな箱型の上に小さな直方体が積み重なるシンプルな形状は、一目で使いかたがわかり、扱いやすい。角を丸く落とすことで、直線的なフォームがやわらかくなっている。この優れたグラインダーは、挽く豆の量を自動制御する機能があるのが特徴で、コーヒー粉の必要量が正確にわからないアマチュアの助けになるうえ、粉が余って無駄にすることもなくなる。上部のコンテナには、250グラム（8.8オンス）のコーヒー豆が入る。このようなコーヒーグラインダーで挽いた豆を、電動ドリップコーヒーメーカーで抽出するのが、1970年代の主流となった。米国のMr. Coffee（ミスターコーヒー）などのブランドが、コーヒーメーカーを普及させたためである。

AEG

Solitair

ソリティア
クルプス | Model No. 466
ドイツ、1974年

Solitair(ソリティア)は高価だが、1台で商品2点ぶんのありがたみがある。ルドルフ・マースがデザインした、コンパクトだが驚くほどパワフルなフード型ヘアドライヤーであると同時に、フードを外せば、ふつうの手持ちのドライヤーとしても使えるのだ。持ち運びしやすいビニール製のキャリーケース付きで販売された。モーターの部分を、ペンダントのように胸にぶら下げるので、フードを被ったまま家で自由に過ごせる。そのためクルプスは、ユーザー向けの使用上の注意書きに、入浴中にソリティアを装着しないよう警告を加えることを、西ドイツ当局から求められた。

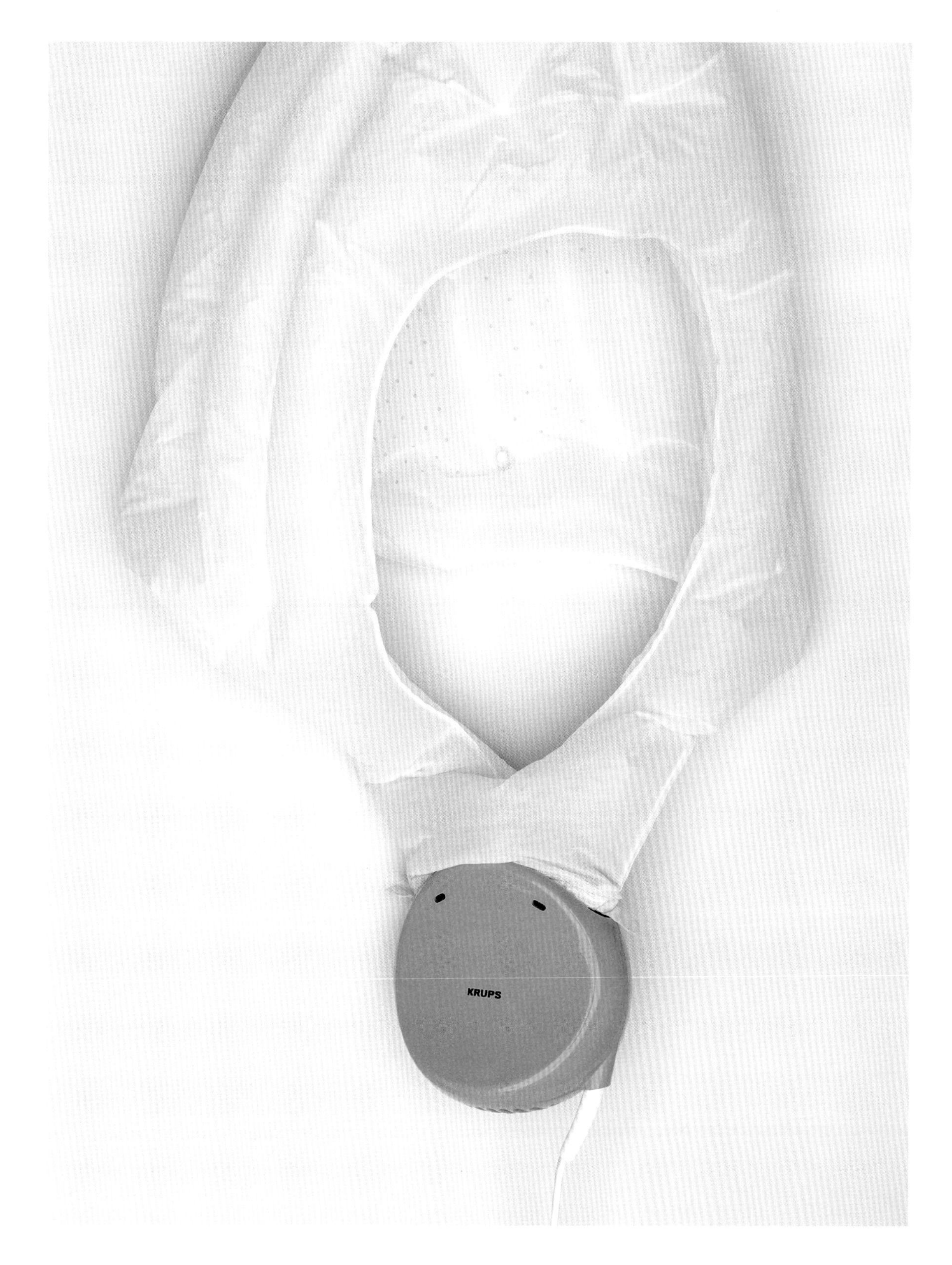
KRUPS

Joghurtgerät

ヨーグルトゲレート
AEG | Model No. JG 101
ドイツ、1977年

このヨーグルトメーカーは、エッグボイラーやフォンデュセットのように、中産階級のキッチンの必需品として1970年代に広まった。ヨーグルトは、材料の牛乳と種菌を混ぜ、このモデルの場合は6つのガラス瓶に分けて入れると、容器のなかでゆっくりと何時間かかけてできあがる。このヨーグルトメーカーの息の長いデザインは、その後のモデルでもほとんど変らずに受け継がれている。こうした製品は、人気は下火になっているものの、今でも間違いなく役に立つ。ヨーグルトは新鮮なほど、健康によい。そのうえ、家庭でつくればプラスチックごみが大幅に減る。

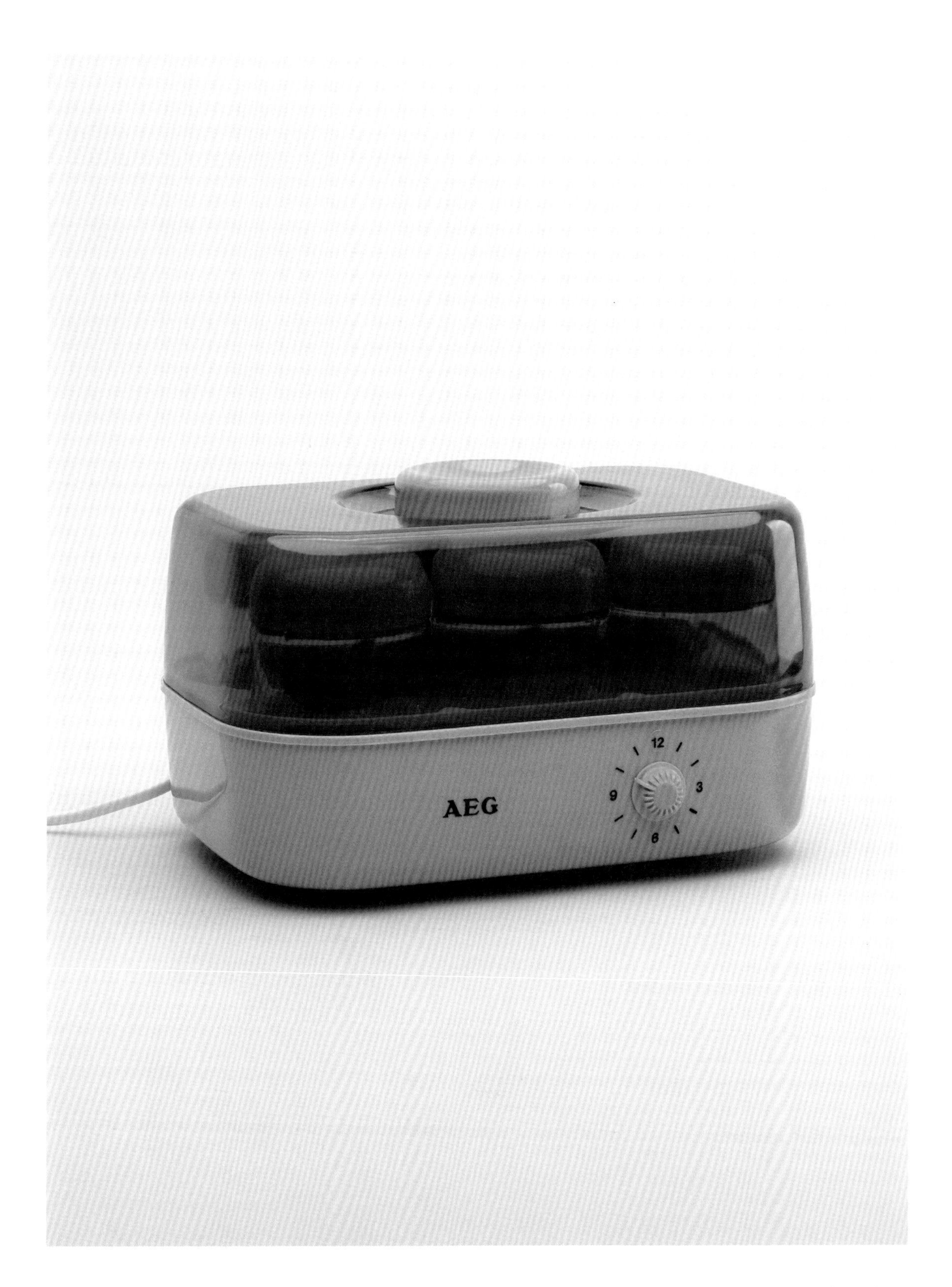
AEG
12
3
6
9

Super Mijoteuse

スペル・ミズトゥーズ
ティファール | Model No. 150
フランス、1978年

ティファールのスロークッカー、Super Mijoteuse（スペル・ミズトゥーズ）は、丸い鍋と方形が組み合わさったデザインである。スロークッカーはすでに市場に出回っていたが、デジタルタイマーと、1桁数字のLED表示を初めて搭載したのが、この製品だ。また、温度設定を切り替えるオレンジ色のスイッチのように、アナログな要素も魅力的である。当時最新のこの調理機器は、最長9時間にわたって連続で加熱できる。先行するモデルでは透明ガラスだった蓋が、着色ガラスに変わったので劣化が目立たない。

TEFAL
1 2 3

Futura Electronic 4109

フュチュル・エレクトロニク 4109
ムリネックス | Model No. 377
フランス、1977年

このFutura Electronic（フュチュル・エレクトロニク）は、レトロ・デザインの商品として歴史に残るものだ。赤いプラスチックとクロムめっきを基調としたこの1977年のデザインが3年前の先行モデルとさほど違わないのは、変える必要がなかったからだと言える。デザインのアップデートではなく、技術的な改良が加えられ、真空蛍光ディスプレイ（VFD）のデジタルタイマーを備えたコンソール型の操作パネルを導入した。液晶ディスプレイ（LCD）の利用はまだ先の話だったころである。デザイナーは、ムリネックスのデザインのビジョンを方向づけたジャン・ルイ・バロウだ。彼はロレアルの化粧品ボトルや、シトロエンのオフロード車、Méhari（メアリ）のデザインも手がけるなど、フランスのデザイン界への貢献が大きい。

prog
0_24
0_60
auto

Yogurt Maker

ヨーグルトメーカー
ムリネックス | Model No. 508
ドイツ、1975年

幾何学的な角張ったキッチン家電が居並ぶなかで、このムリネックスの丸いヨーグルトメーカーは異彩を放っている。とはいえ、明るいオレンジ色のプラスチック素材で彩られているのは、他の1970年代半ばの調理機器と共通だ。このヨーグルトメーカーは、温度設定をユーザーが選択できるようになっている。自動電源オフ機能もあり、何時間もかかるヨーグルトづくりには便利である。スイッチを入れたら、あとは発酵が終わるまで放っておけばよい。

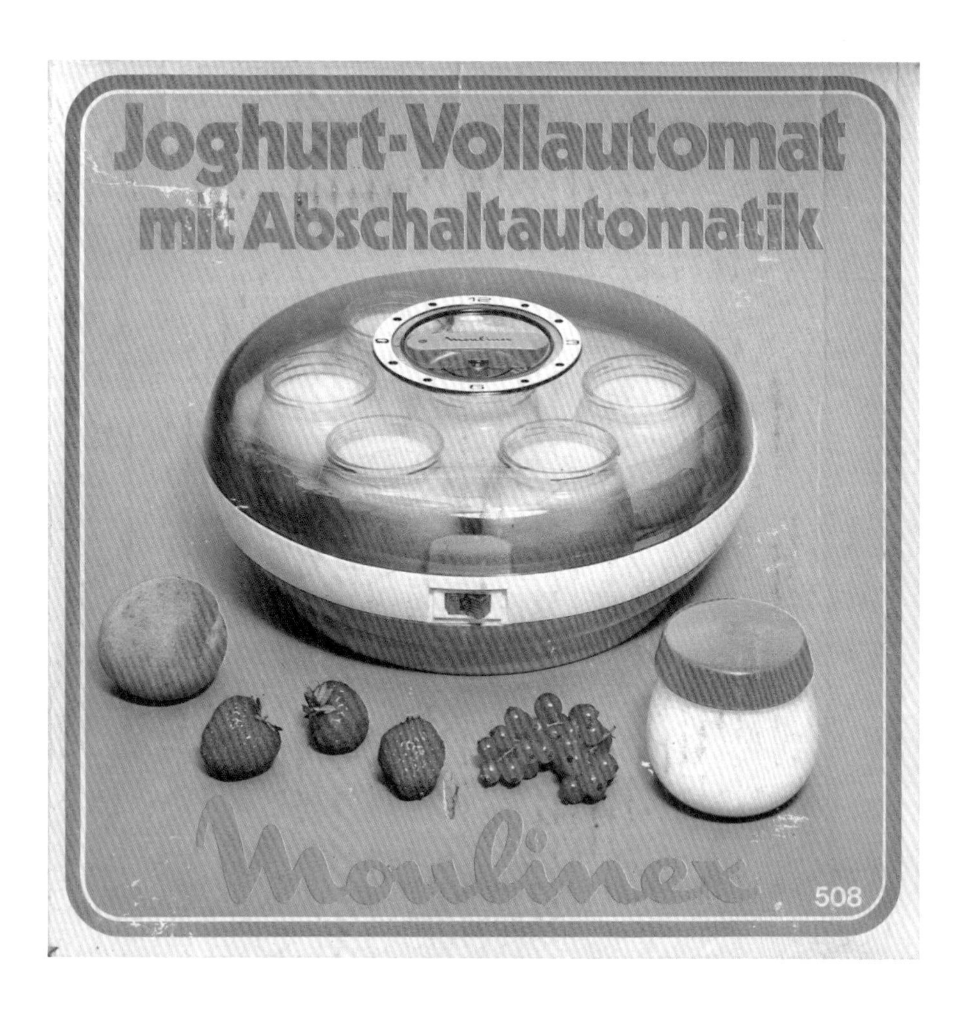

12
3
6
9
moulinex

Fruitpress

フルーツプレス
ムリネックス | Model No. 502
フランス、1976年

ムリネックスの1970年代半ばのジューサーは、実用的でシンプルなデザインだ。サニーイエローの搾り器と、その下の透明なプラスチック製の受け皿を、白い台に取りつける。受け皿には注ぎ口があり、たまったジュースがそこからグラスに注がれる。電源スイッチはなく、フルーツを搾り器に押しつけると電気モーターが作動する。注ぎ口の下にはグラスを置ける高さがあるが、この502に付属する容器を搾り器の下に取りつければ、さらにたくさんのジュースをためられる。

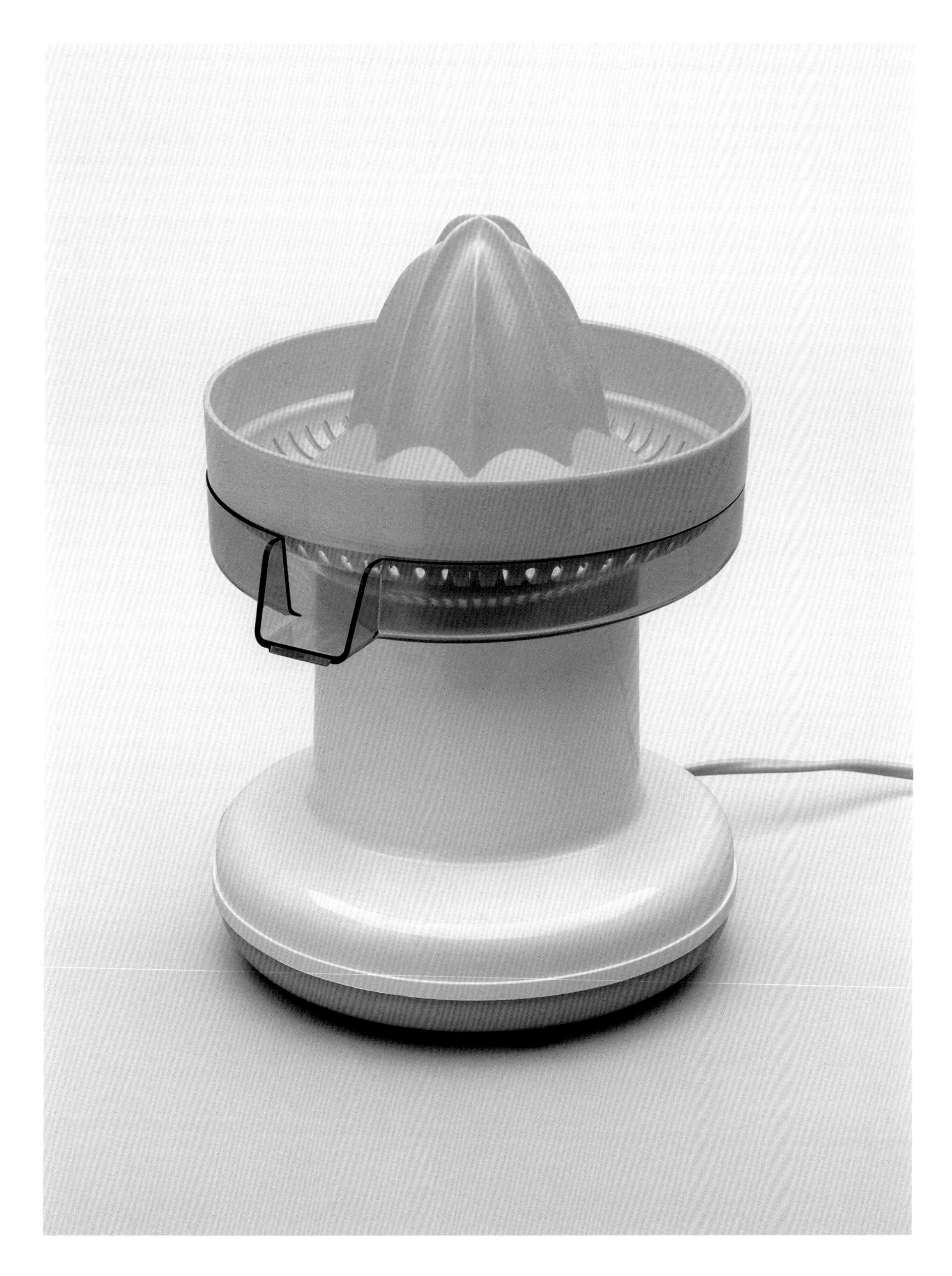

創造性を育む食事は、思考の糧。
時短に役立つ手ごろな調理機器で、
毎日の家事を楽にする、フランスのブランド。

ムリネックス Moulinex

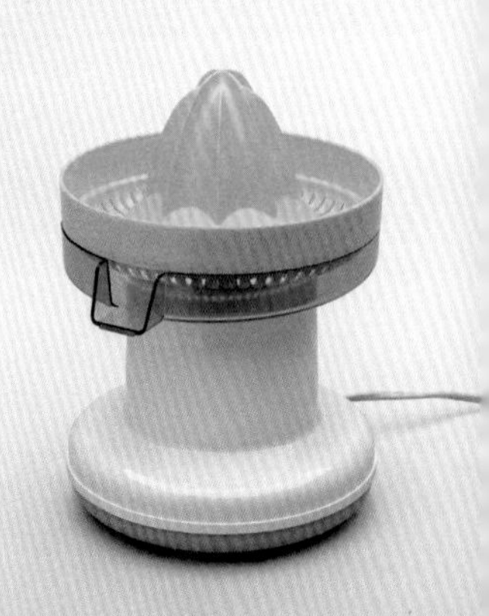

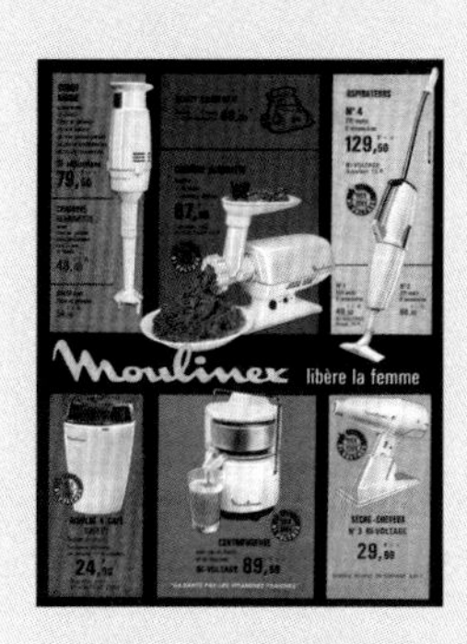

ムリネックスの家電のラインナップ。
1963年11月に印刷された広告

ムリネックスの創業者、ジャン・マントレ。
1962年、彼のデスクで撮影

調理機器と家電製品で知られるフランスのブランド、ムリネックスの歴史は、1930年代のパリに遡る。若いビジネスマンで発明家のジャン・マントレは、あるアイデアを思いついた。マントレは——言い伝えでは、妻が手でマッシュしたポテトピューレに、かたまりが残っていたためらしいが——、ハンドルを回して、加熱した野菜をなめらかにマッシュする、フードミルを考案したのだ。

マントレは、その調理器具、Moulin-Legumesムラン・リグム(ベジタブル・シュレッダー)を、1932年にリヨン見本市で紹介し36フランで販売したが、ほとんど注目されなかった。2カ月後、パリの見本市に出品し、20フランに値下げしたところ、瞬く間に成功を遂げた。その年の終わりまでに、当時はManufacture d'Emboutissage de Bagnolet(バニョレ金属加工製作所)として知られた彼の会社は、1日に2000個のフードミルを製造するようになった。マントレは、誰でも買える手ごろな値段でありながら、家事の時間短縮に役立つような小型家電の大量生産を、自身のビジネスモデルとした。

1929年から1953年に、マントレは93件の特許を申請し、くるみ割り器(Mouli-Noixムリ・ノワ)、ソルトミル(Mouli-Sel ムリ・セル)などさまざまなものを製造した。回転式の野菜のピーラーとスクレーパーを一体化させたLégumex(レグメックス)は、好調な売れ行きだった。とはいえ、マントレにとって大ヒット商品となったのは、1956年の小ぶりの電動式コーヒーグラインダーであり、これはムリネックスと名づけられていた。他社のグラインダーの半分以下の市価で販売し、「新たな価格が新たな市場となる」というマントレの論を証明したのが、このムリネックスという商品だ。同年暮れまでに150万台を売り上げた。この商品の成功で資金を得て、1957年にマントレは社名をムリネックスに改め、すぐに電気製品業界に加わった。

1960年代は、1963年にジャン・ルイ・バロウが、フリーランスのデザイナーとしてムリネックスに加わった点が注目される。それまでバロウは、著名なデザイナー、レイモンド・ローウィのパリの会社、Compagnie d'Esthétique Industrielle (CEI/エステティーク・アンドゥストゥリエ社)の仕事をしていた。バロウは、おそらくムリネックスで最大の影響力をもつデザイナーだったと考えられる。シンプルな効率性を優先し、「ジューサーは、柑橘類を搾るものであり、それがすべてだ」と1996年に『レ・ゼコー』紙で述べたほか、イノベーションを重視した(「イノベーションを永続的に進めなければ、人間は終わりだ」と語った)。こうした姿勢は、就任以来25年にわたりムリネックスのために生みだした、バロウの多様なデザインにあらわれている。

1960年代、有名な"Moulinex libère la femme!"(ムリネックスは女性を解放!)というスローガンを、ムリネックスは打ちだし、毎日の家事の重労働から解放されたい新世代の主婦をターゲットとした。

みじん切り器、ミキサー、ブレンダーなど、あらゆる調理機器を発売し、家庭料理を一変させたほか、電気掃除機とヘアドライヤーも売りだした。

1970年代までに、フランスでは平均で一家に4つのムリネックス製品があったと推定され、一方で海外での販売も会社の売り上げの約5割を占めるほどになっていた。ムリネックスの独創性は、尽きることがなかったようだ。70年代を通じて、ムリネックスは、大成功した1972年の電動コーヒーメーカーから、1978年のムリネックス初の電子レンジまで、一貫して新製品を紹介したのである。他にも、色鮮やかなサラダスピナー(サラダ野菜の水切り器)や、電動エッグボイラーといった、思いつきのような商品も提供した。

1980年代前半も、多くのイノベーションの時代であり、プログラム制御ができるコーヒーメーカーや、気の利いたパスタメーカーほか、洗練された数々の調理機器の開発につながった。たとえば、ロースト中のチキンを電動で回転させる器具のついた、驚くほどコンパクトでモダンなVertical Gril(ヴァーティカル・グリル/1981年)、そして、グリルする、煮こむ、揚げる、蒸す、茹でる、何にでも使える進化したスロークッカー、Cuitout(キュイトゥ/1981年)が思い浮かぶ。

1985年、競争の激化により、ムリネックスは初めて深刻な資金難に陥った。1991年、創業者が世を去った後、ムリネックスは、ドイツの家電ブランド、クルプスを買収し、結果として経営状態はさらに悪化した。10年後、ムリネックスは破産を宣告し、それに続いてフランス国内の長年のライバル、グループセブに買収された。

新たにセブの傘下に入り、ムリネックスというブランドは、調理機器をあらゆる人に届けるという創業の使命を、引き続き果たせることになった。こうして、気軽な、生きる喜び(joie de vivre)としての料理を根づかせているのである。

Cafetière Espresso

カフティエ・エスプレッソ
ムリネックス | Model No. 678
フランス、1975年

この赤いエスプレッソメーカーは、業務用の複雑なエスプレッソマシンを、消費者の日常使いのために簡素化した最初期のものとして重要である。使いかたは簡単だが、デザイン性についてはイタリアのクラシックなエスプレッソマシンの流れを継承し、要はミニチュア版である。商品には、赤いプラスチックとガラスを組み合わせたエスプレッソカップがふたつと、コーヒーの計量スプーンが付いている。カップはそれだけでも購入する価値がある。別売りの揃いのカップも、追加で購入できた。このエスプレッソメーカーもまた、デザイナー、ジャン・ルイ・バロウのムリネックスへの貢献の一例である。

Espresso
Moulinex

Electronic Egg Boiler

エレクトロニック・エッグボイラー
ムリネックス | Model No. 567
フランス、1979年

なくても困らないものではあるが(わざわざ家電に調理してもらわなくても、ゆで卵は片手鍋ひとつで問題なくできる)、これは魅力的なエッグボイラーだ。このブラウン系のモデルになる前は、オレンジとホワイトの配色だった。ハンドルに付いているダイヤルを回すと、好みに合わせてゆで加減を設定できる。透明に近いプラスチックのカバーはハンドル部まで同じ素材で、一体感があり、しゃれている。コードは、まとめて底の部分にしまい込めるので収納しやすい。

Moulinex

Allround Styler

オールラウンド・スタイラー
クルプス | Model No. 401
ドイツ、1977年

この至れり尽くせりのヘアスタイリングセットは、本体に取り付けられる4種類のブラシと、スタイリング用に吹出口を細くしたノズル、そして小型のスプレーボトルが同梱されている。競合商品との違いは、本体が従来のピストル型の90度に曲がったドライヤーとしても、180度開いた真っすぐなスタイリングブラシとしても、1台2役で使える構造になっている点だ。こうした機能性を備えているのは、オレンジ色のプラスチックに斜めのラインで吸気口をデザインした、丸みのある部分が、角度調整できるためである。この製品の別のモデルとして、付属品が少ないものも販売されていて、パワーの点で劣るAllround Styler 800（オールラウンド・スタイラー800）もある。

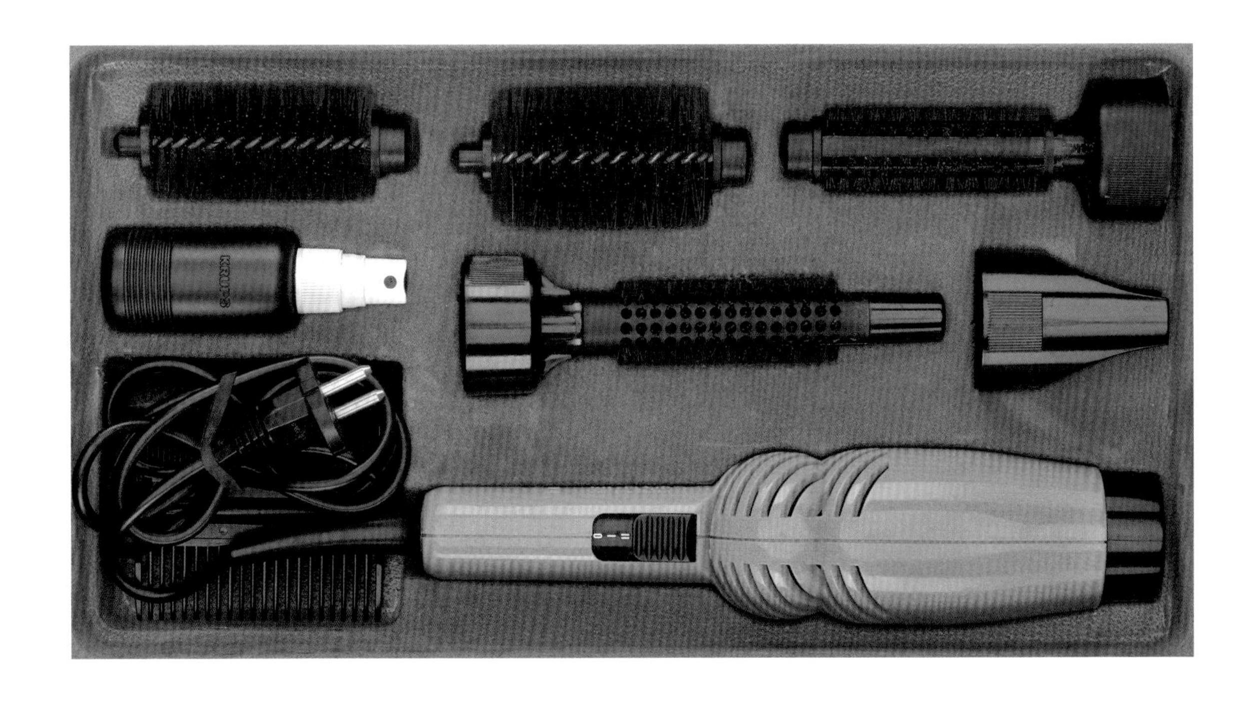

KRUPS

Popcorn Party

ポップコーン・パーティ
ITT(イー・テ・テ) | Model No. 12 08
フランス、1979年

Popcorn Party(ポップコーン・パーティ)は、ポップコーンマシンとしては小ぶりで、エッグボイラーとさほど変らないサイズだ。パッケージには、子どもの楽しみだけではないポップコーンとして、暖炉の前にウィスキーばかりかタバコまで並べている。この製品が時代遅れなのは、こうした点にとどまらない。ポップコーンの"アメリカらしい"感じを演出するために、この商品を製作したフランスのメーカーが用いたネイティブ・アメリカンのイメージは、ステレオタイプにとらわれている。先住民族ではない会社が、先住民族と関わりのない製品にこうした表現を用いるのは、昨今では受け入れられない。

ITT

Duomat

デュオマット
クルプス | Model No. 269
ドイツ、1976年

ルドルフ・マースがデザインしたDuomat（デュオマット）は、以前からあるクルプスのコーヒーメーカーT6を進化させている。T6を2台連結させたようなかたちにより、デュオマットのシンメトリーなデザインが生まれ、ふたつのポットでコーヒーと紅茶を同時にいれる機能が加わったのだ。両方のポットに紅茶でも、両方コーヒーでもよい。既存のデザインをもとに構成したので、クルプスの製品展開に一貫性が生まれた。キッチン家電が市場で便利さを競い合うなか、Duomatは、忙しい朝、便利さを実感する商品だったに違いない。

KRUPS

Waffelautomat Luxus

ワッフルオートマート・ルクソス
ロウェンタ | Model No. WA-02
ドイツ、1978年

ワッフルメーカーと言えば、ロウェンタのWaffelautomat Luxus（ワッフルオートマート・ルクソス）が一番人気だった。丈夫なつくりで、ワッフル生地が溢れないよう縁の部分を工夫してあって、ハンドルもしっかりしていた。ふっくらと丸くて、表面に凹凸のあるワッフルを焼くのにぴったりだ。ここで紹介する製品のデザインは、“Dekor Grafika（デコ・グラフィカ）”シリーズのひとつである。ダークブラウンの同心円とその色づかいが、他のコーヒーメーカー、トースター、コンロなどの調理機器と共通するからだ。

Elektro Messer

エレクトロ・メサ
ボッシュ | Model No. EM 1
ドイツ、1978年

電動ナイフには、あまりデザインのバリエーションがない。ボッシュが1970年代末に発売したこのモデルは、持ち手の前方の斜めの角度が特徴で、ムリネックスが同じころにフランスで販売して定番となっていた製品に近い。ダークブラウンとイエローの配色で、電源スイッチと、刃を持ち手から外すためのボタンが付いている。専用のホルダーに入れて壁に取り付けることができ、ホルダーには電源コードと刃の収納スペースがそれぞれある。

Special Duo

スペシャル・デュオ
クルプス｜Model No. 359
ドイツ、1976年

電動ナイフの人気は1970年代から下り坂だが、これは、その便利さを思い出させてくれる。電動ナイフは、通常、持ち手の内部のモーターを作動させると、平行な2枚刃が前後に動く。その点に変わりはないのだが、Special Duo（スペシャル・デュオ）は、多くの競合商品よりも優れていた。注目に値するのは、フリーザーの家庭への広まりを受け、冷凍食品用にデザインした鋭い鋸状の刃を、クルプスが新たに採用した点である。アクセントのオレンジ色と、角を丸くしたかたちが、クルプス製品の目印となる。

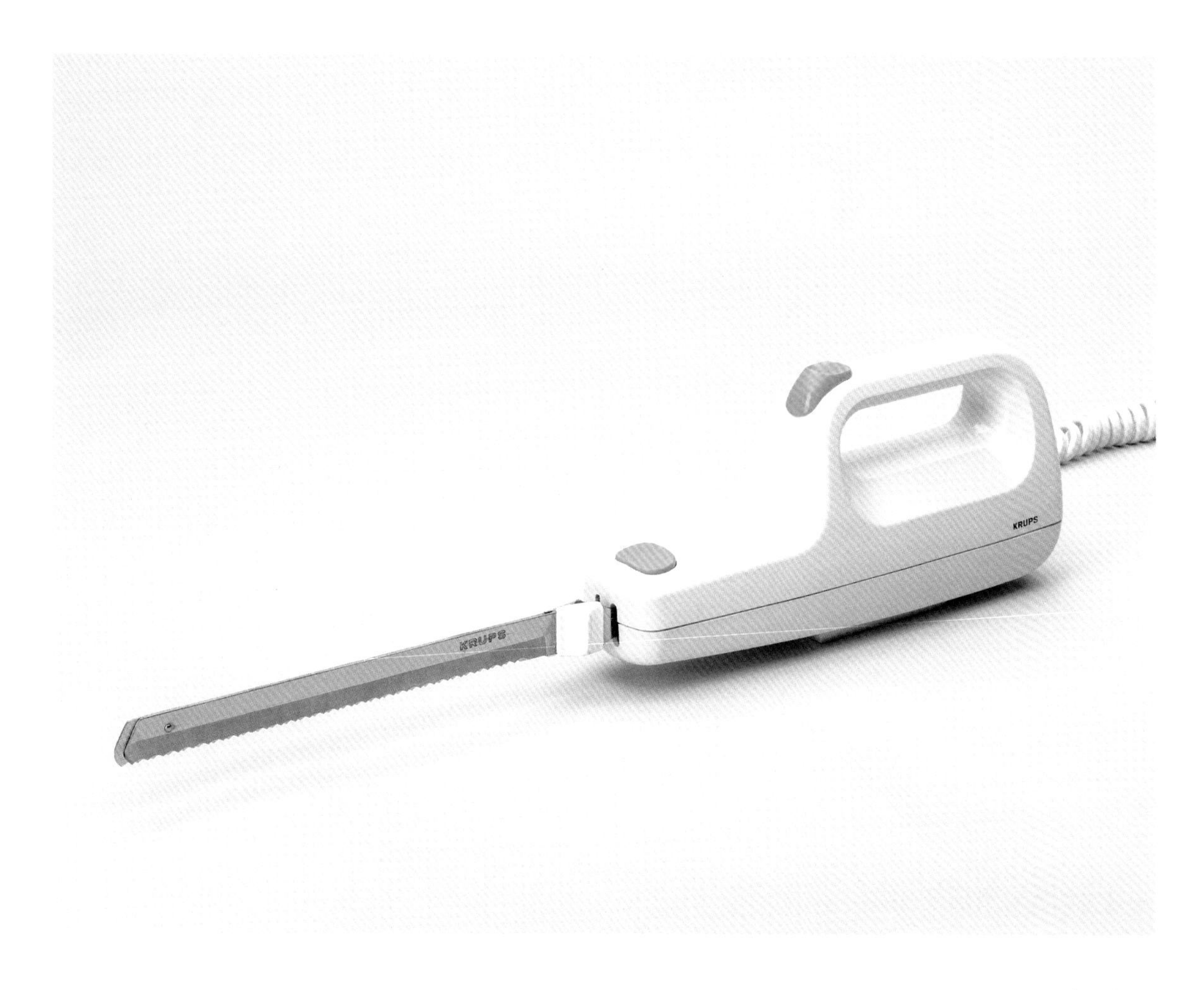

Foen Salon

フーン·サロン
AEG
ドイツ、1978年

1970〜80年代は、ヘアドライヤーと各種のアタッチメントのセットが数多く生産され、AEGのFoen Salon(フーン·サロン)も、そのひとつだ。この近未来的な雰囲気の、パーツ組み換え式の製品は、本体からハンドルを取り外せることが最大の特徴で、トラベルサイズの携帯用ドライヤーのようにコンパクトになる。ハンドルを外した状態でも、各付属品を取りつけてスタイリングができる。また、製品のほこりや抜け毛を取り除くためにクリーニングブラシが同梱されているのも、他にはない特徴だ。

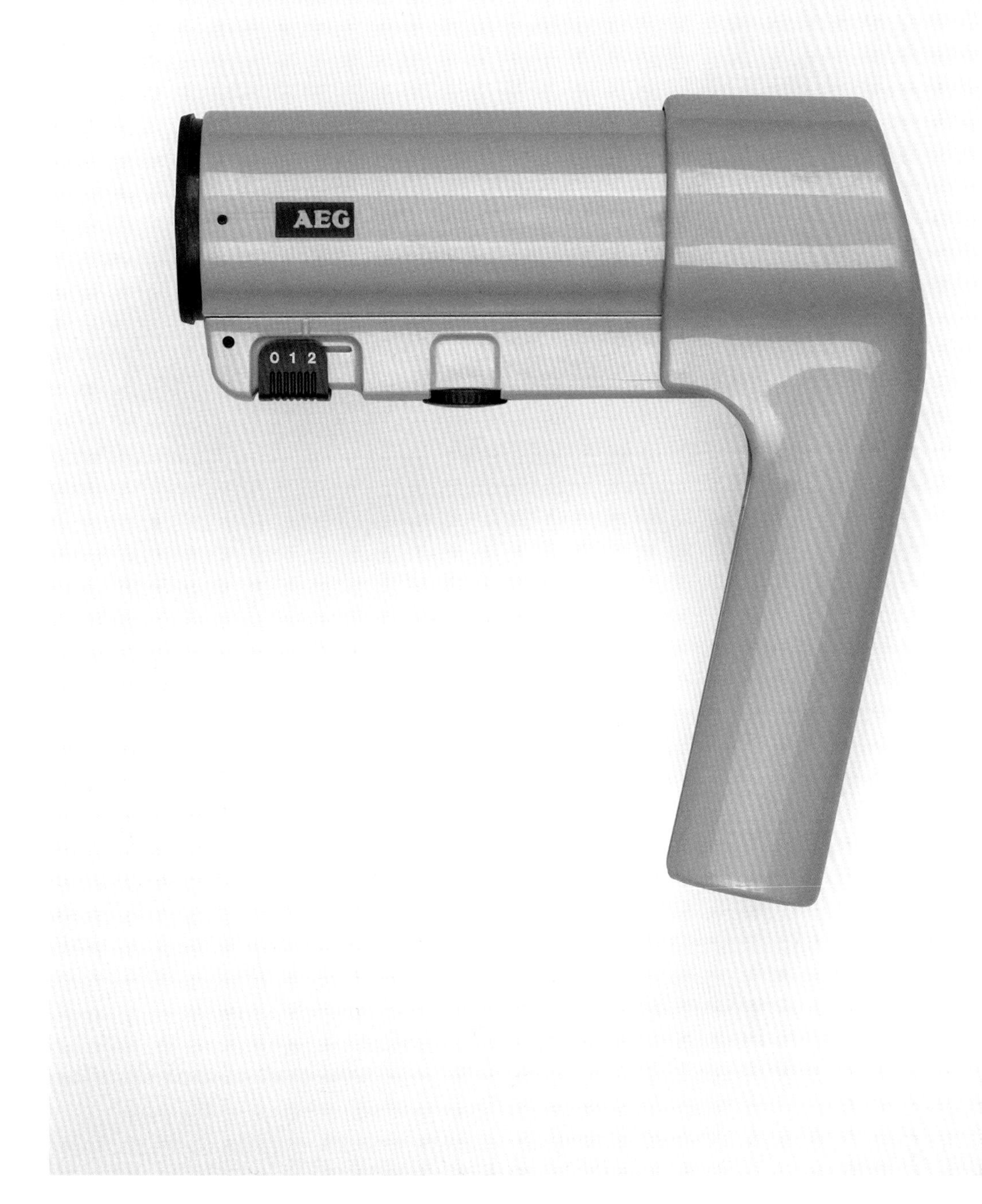
AEG
0 1 2

Zauberstab

ザウベシュターブ
ESGE(エスゲー)| Model No. M 122
スイス、1978年

食材のなかに浸して使うハンドブレンダーは、1950年にスイスで特許申請されたのが始まりだ。おかげでシェフたちは、調理中の鍋やボウルのなかでそのまま、混ぜたりピューレにしたりできるようになった。別の調理機器や容器に移し変える煩わしさから解放されたのである。この新製品はBamix(バーミックス)と名づけられ、これはbattre(泡立てる)とmixer(混ぜる)を合わせた混成語である(スイス、ドイツではZauberstab＝魔法の杖という名で呼ばれる)。ここに紹介した製品は、考案以来28年の時を経た、この小型調理機器の進歩を示している。アタッチメントも充実していて、刃も取り付けられるし、グラインダーとして粉砕もでき、攪拌用の把手付き容器もセットになっている。この製品の元となったデザインは、アクトン・ビョルンとシグヴァルド・ベルナドッテによるもので、1962年にiFデザインアワードを受賞した。

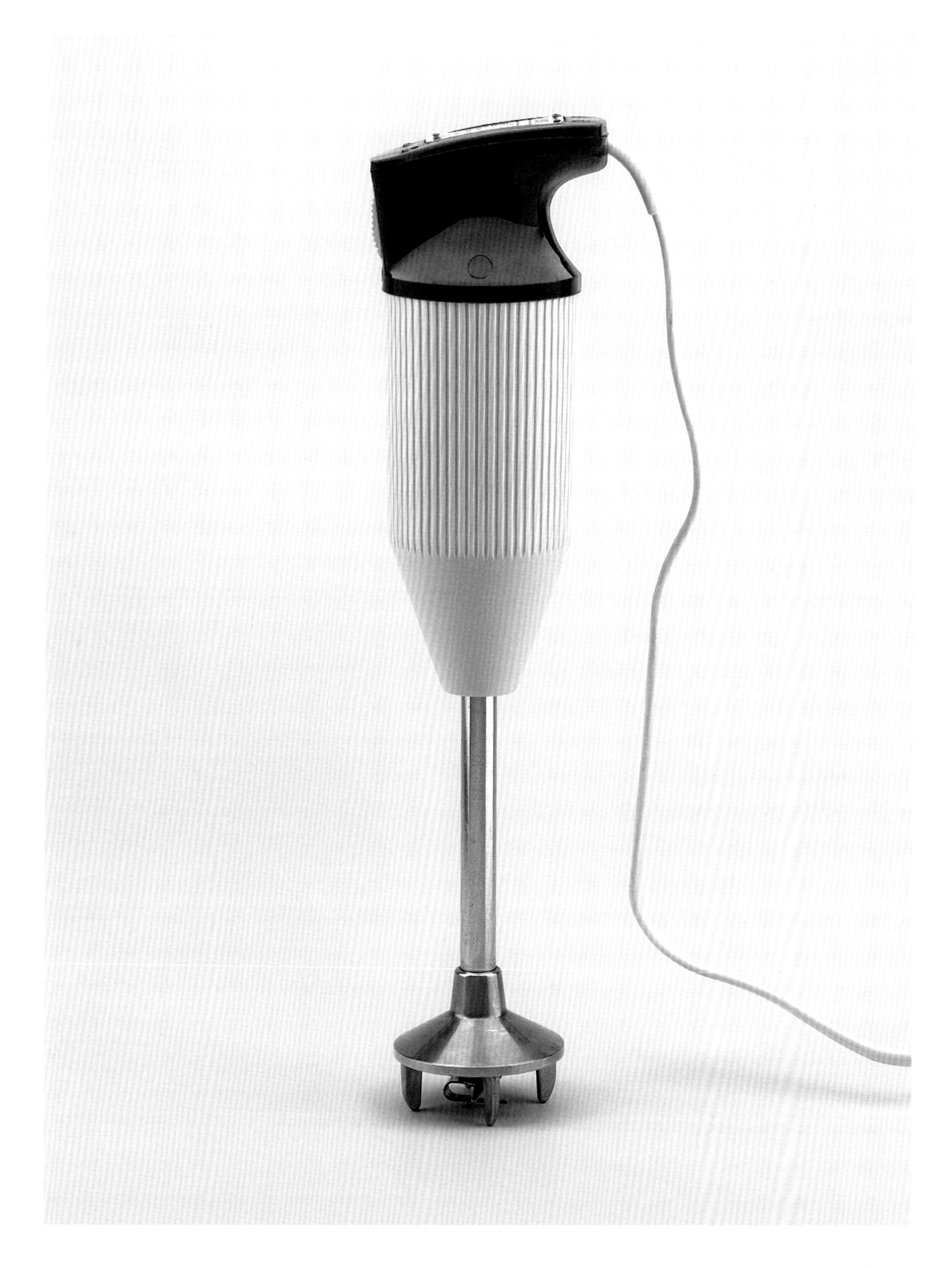

Blender

ブレンダー
ケンウッド | Model No. A 515
英国、1978年

調理機器メーカーのケンウッドによる1970年代末のブレンダーは、まるでおもちゃのように、極めてシンプルな操作性で、プラスチック面も滑らかだ。大きな丸いスイッチボタンのはっきりとした色は、蓋とマッチしている。ブルーの他に、鮮やかなイエローの製品もある。子どものままごとのような雰囲気はさておき、この製品は、高品質のプラスチックを用いた優れたミキサーなのである。デザインはサー・ケネス・グランジで(1978年に、もっと大きな2段階スピード切り替えのブレンダー、A 520も手がけた)、製造は英国のThorn Domestic Appliances(ソーン・ドメスティック・アプライアンス)が担った。

U.S.A.
OZS. CUPS.
16
2
12
1½
8
1
½
KENWOOD
Blender

Mayonnaise-Minute

マヨネーズ・ミニット
セブ | Model No. 8555
フランス、1983年

Mayonnaise-Minute（マヨネーズ・ミニット）は、そのミニット（1分）という名に反して、たった30秒でマヨネーズができる。操作は、卵、オイル、塩、酢かレモンジュースのような酸を円筒容器に入れてから、上のモーター搭載部分を蓋のように回して締めるだけだ。30秒したら、できあがり！　派手な黄色のプラスチックを使ったこの製品のデザイン性は、セブが前年に発売したグリーンが基調のMini Mincer（ミニ・ミンサー／肉挽き器）と共通する。時を感じさせないデザインと耐久性によって、このマヨネーズメーカーは、今日に至るまで需要の高い人気商品である。

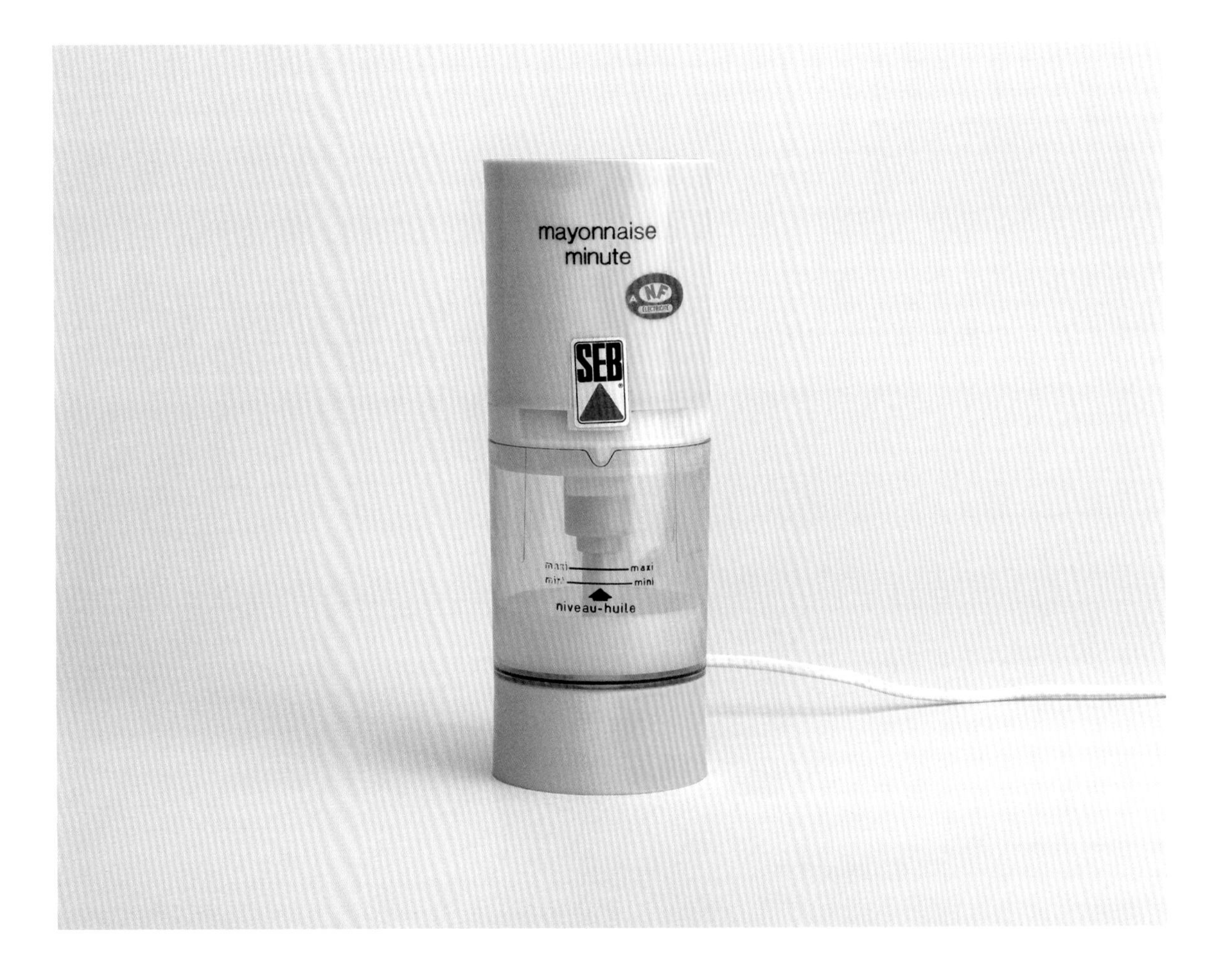

Mayonnaise Maker

マヨネーズメーカー
ナショナル | Model No. BH-906
日本、1978年

これは、特定の用途だけに特化したキッチン家電の、もうひとつの例である。1970年代末に発売されたナショナルのマヨネーズミキサーは、グリーンがアクセントの丈夫なプラスチック部分の中ほどに、金属の器具による攪拌でマヨネーズをつくる透明な部分が収まっている。スイッチを入れないと作動しないが、このBH-906は意外なことに電源コードがなく、大きな単1乾電池が4本必要である。製品はいくつかのパーツが組み合わさっていて、各部分は簡単に取り外して手入れや清掃ができる。

Towel Heater

タオル・ヒーター（ホットおしぼり）
ナショナル | Model No. ND-101
日本、1978年

この“おしぼり”ヒーターはすっきりとしたかたちで、メッセンジャーバッグのように肩からかけることができ、中に細いおしぼり容器がぴったりと4本収まるスペースがある。脇にある赤と緑のランプの点灯が、ヒーターの状態を示す。持ち運びするための製品としてはバッテリーが必要で、となると製品内のスペースをバッテリーのカセットのために割くことになり、使い勝手が悪くなってしまう。4本の容器には、湿らせたタオルが1本ずつ入る。ヒーター1台につきゲスト4人分では、利用価値は限定的だろう。とはいえ、この実用性の乏しさを埋め合わせてくれるのが、パッケージにある西洋風のライフスタイルのイメージだ。箱の一方には家族のピクニック風景、もう一方の面には海辺のカップルが、フォルクスワーゲンを背にして表されている。

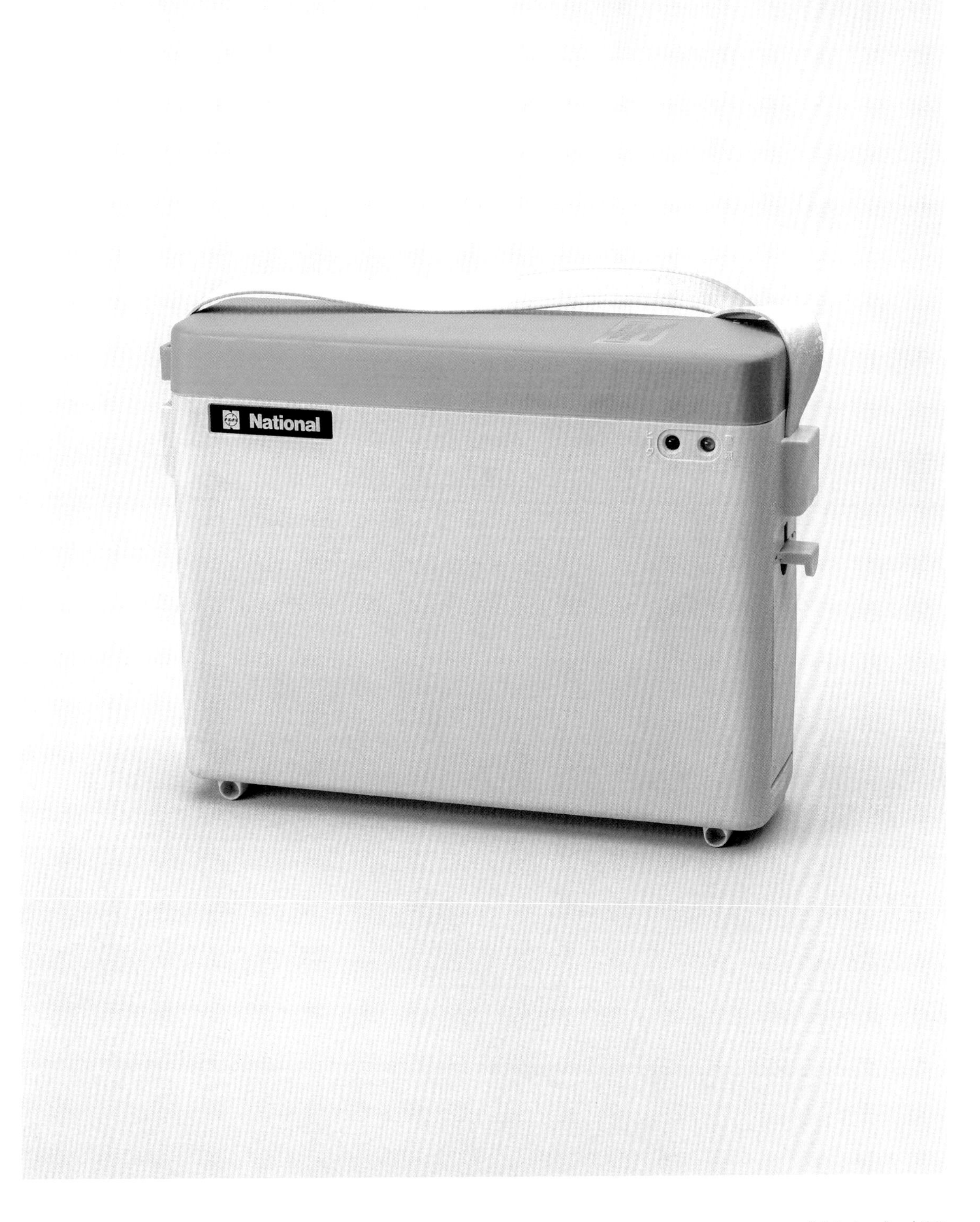
National

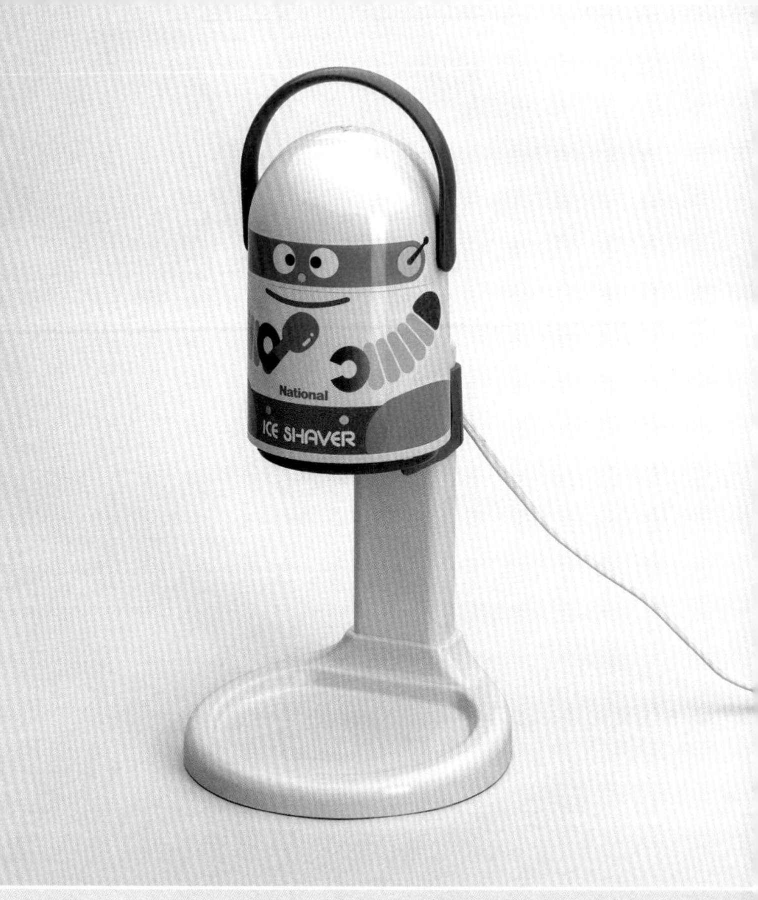

閃きのアイデアと寛大な心。
日本の電気機器ブランドの成功の鍵は、
創意に富むデザインと、人を大切にする姿勢。

ナショナル National

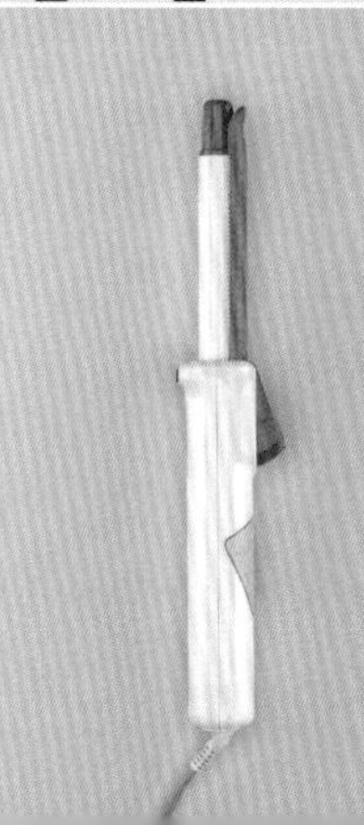

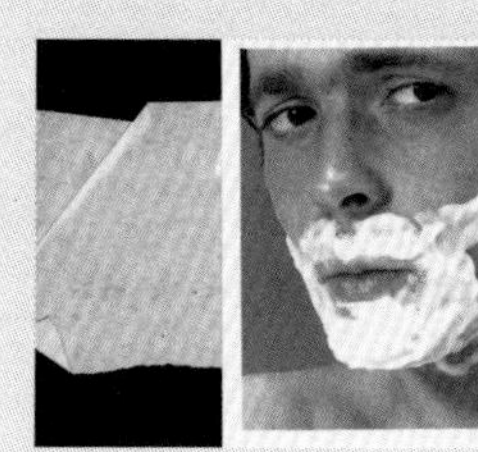
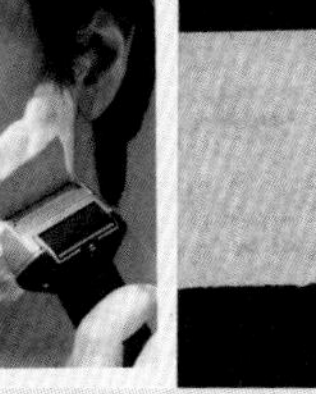

1983年にナショナルがパナソニックブランドから発売した、初の防水仕様のウェット／ドライシェーバーは、乾いた肌、濡らした肌どちらにも使える

松下電器（ナショナル）工場の組立ライン。1970年、大阪、日本

日本の電気機器大手、パナソニック（以前はナショナルとして知られる）は、1918年、大阪で当時23歳の松下幸之助が創立した会社が始まりである。以前は大阪電灯（現・関西電力）に勤め、電気配線工事の検査員であった松下は、先駆的な改良を加えた二股ソケット（二灯用差込みプラグ）を考案したが、上司に製造を認めてもらえなかった。それでも諦めず、独立して事業を始め、松下電気器具製作所を創立すると、その年内に従業員は20人になった。

客は競合商品のなかから高品質で低価格のものを選ぶ、という当り前のことから、松下は、従うべきビジネスの原則を定めた。新製品はいずれも、市場に出回っているものよりも、3割優れていて、3割安くなければいけない、と考えたのだ。しかし、松下は客の満足度だけを優先したわけではない。家父長的な「経営家族主義」という日本の慣習的な考えかたを生んだことでも知られ、これは従業員を家族として入社時から迎え入れ、終身雇用を保証しようとするものだ。（今日でも、松下が経営の神様として日本のビジネスの規範となっているのは、驚くには当たらない）

1927年に松下は、自転車用など電池式ランプの販売を始め、ナショナルの商標を用いるようになった（後にパナソニックブランドに統一される）。1930年代には事業を拡大し、製造品目は多岐にわたり、特にラジオはヒット商品となった。

1940年代は、軍需品生産への関わりのため会社の存続が危ぶまれたものの、何とか免れることができた。1950年代初頭までに、松下は、世界が無限の可能性に満ちた「デザインの新時代」に移行したと意識するようになった。松下は1951年に日本で初めて社内にデザイン部門を創設し、工業意匠学の真野善一がその先頭に立った。やがて松下電器産業（1935年の改組により社名変更）はトランジスタラジオ、テープレコーダー、テレビ、大型家電などの生産をすすめ、多くはナショナルの名で販売された。こうして勢いを得たことで、世界でも有数の電気機器メーカーとしての道を歩みはじめた。

1960年代に、松下電器産業はさらに生産を拡大し、電子レンジ、エアコン、ビデオレコーダーほか、数々の新製品を生んだ。ナショナルのブランド名で生産を続ける一方、パナソニック、クエーサー（Quasar、欧米地域特定ブランド）、テクニクス（Technics、海外向けオーディオブランド）、ビクター、JVC（日本ビクターの海外向けブランド）など新しい名称でも、新製品を販売し始めた。

60年代はまた、会社として新たに、大衆受けするデザインを取り入れはじめた時代であった。自由に成形しやすいプラスチックの急拡大を追い風に、ナショナルは若者市場向けにカラフルで目を引くデザインを数多く生みだすようになった。ドーナツ型の電池式ラジオR-72S（1969年頃）は、ブルーのプラスチック製で、ブレスレットのように手首につけるなど携帯用のデザインだった（日本国内では「パナペット」と呼ばれ、1971年に各種の色で発売）。グッドデザイン賞を受賞した電気掃除機MC-1000C（1965年）は、プラスチック製の画期的なデザイン（従来の掃除機は、板金でできており、かたちも単純だった）であるうえ、使う人の動きに合わせて自在に回転する設計も驚きだった。そういえば、米国のTVアニメ『チキチキマシン猛レース』の車体は、この掃除機に何となく似ている。

1970年代を通じてナショナルは、ポップアートの台頭から刺激を受けつつ、機能性と面白さを兼ね備えた製品を求める声に押されて、遊び心のあるデザインを展開していった。製品は明るい色づかいで（たとえば、上部がグリーンの手入れしやすいマヨネーズメーカーBH-906／1978年や、朱色のパーツがあるカールアイロンEH 161／1979年など）、手が届く値段の優れたデザインが、日々の暮らしを和ませてくれた。

1973年に松下幸之助は現役を引退したが、その後も会社は成長を続け、1974年には北米のモトローラのテレビ事業を買収した。さらにコンピューター、ホームベーカリー（パン焼き器）、ジェットバス（気泡風呂）の製造が続き、家庭（そしてオフィス）の電気製品で、この会社がかかわっていないものは無きに等しかった。

2003年に、松下電器はグローバルブランドとしての名称を「Panasonic」に統一した。ナショナルというブランド名は段階的に廃止され、「Panasonic」の名による販売に切り替わった（2008年には、社名を「パナソニック」に変更）。それでもなお、会社は創業者の理念を受け継いで、質の高い商品を手ごろな価格で生産しつづけ、敬意の念をもって従業員に接している。2021年にパナソニックは、『フォーブス』誌による世界の高評価企業194位にランクインした。

Curling Iron

カールアイロン（まきまきか～る ドライミニ）
ナショナル | Model No. EH 161
日本、1979年

1970年代は、各種アタッチメント付きのスタイリングセットが主流だったが、そうした特徴とは無縁の、単純なつくりの製品である。それにもかかわらず、このカールアイロン、EH 161は、日本で人気があった。今となっては、その魅力は、心を巧みにつかむパッケージにあるとわかる。使いかたの説明にふさわしい写真と、当時の日本の外巻きにしたヘアスタイルが表されている。このヘアケア機器は、オレンジの他にグリーンもあり、いずれも基調は白色のプラスチックだ。スイッチにも同じアクセントカラーが使われる。また、コードが回転式なのも使いやすい。

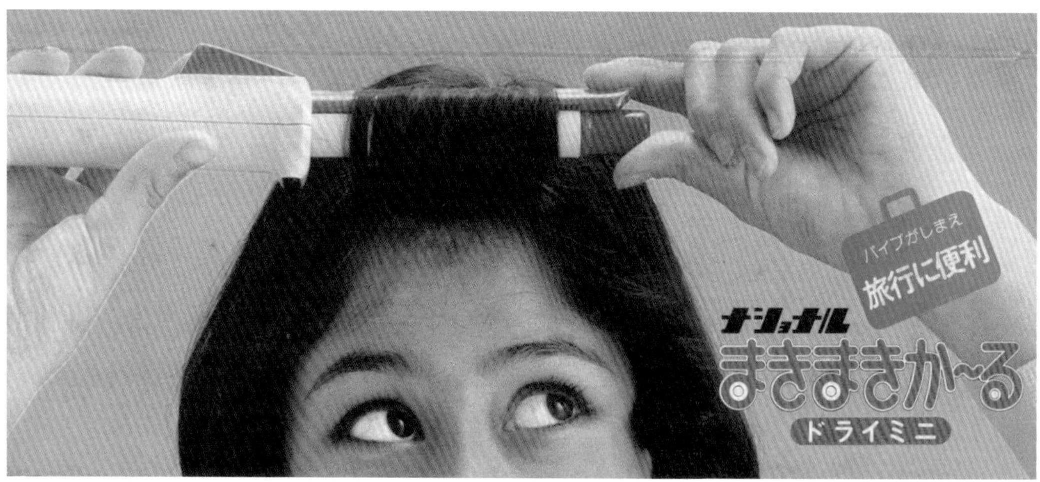

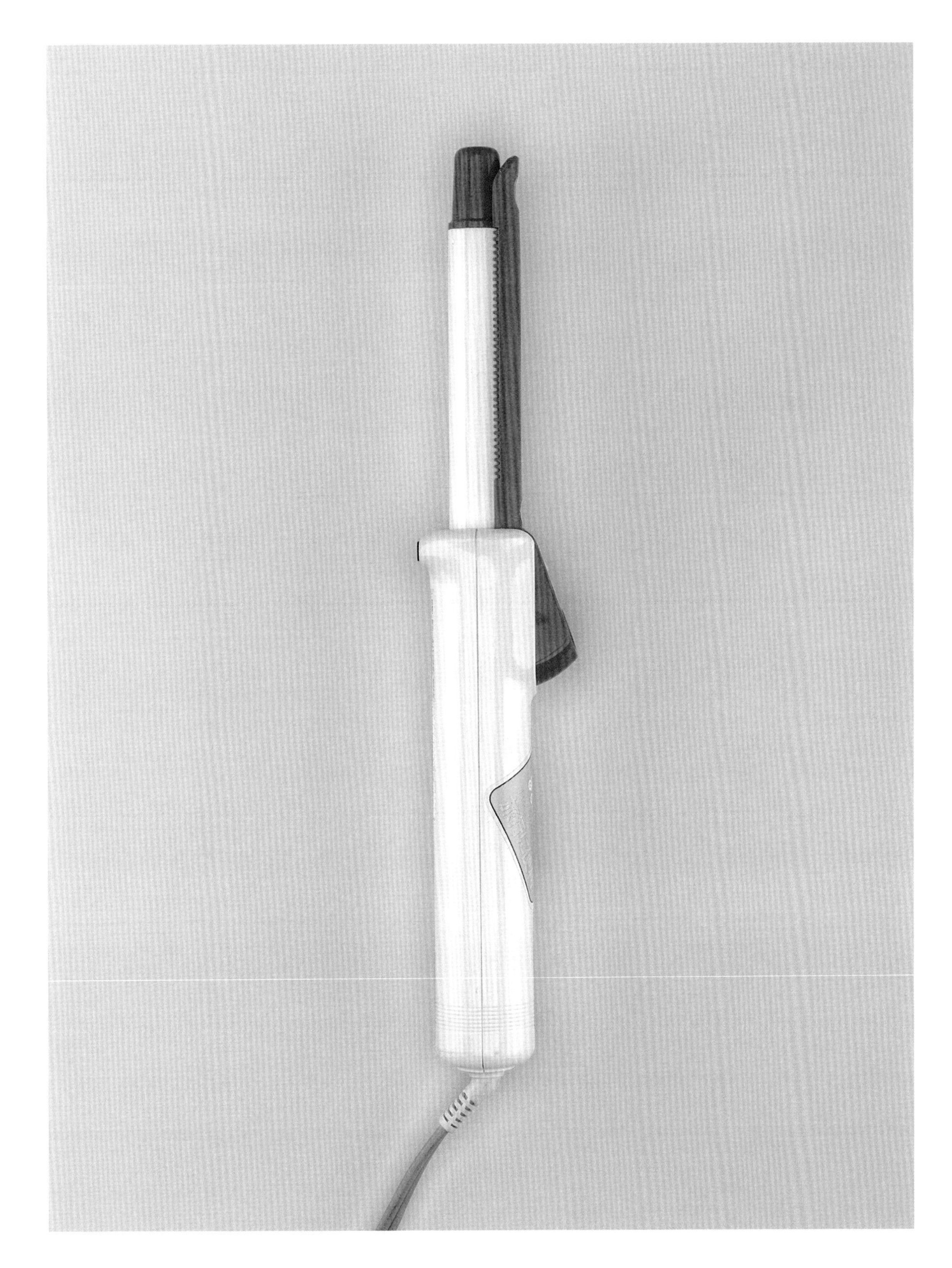

Speed Pot

スピードポット
ナショナル | Model No. NC-950
日本、1977年

スピードポットは、シンプルなそのものずばりの商品名で、実際にそのとおりの製品である。日本の電気機器ブランド、ナショナルによる、この直立型の給湯器は、使いやすく目も楽しませてくれる。円筒形の給水タンクとすっきりとしたかたちのデザインは、ブラウン社の定番のコーヒーメーカー、Aromaster(アロマスター)に通じる。他にも、似たような給湯器が、やはりそれにふさわしい商品名で販売されており、米国のサンビーム社の製品、"Hot Shot(ホット・ショット)"はアメリカ的な響きがあるし、AEGの"Schnelle Tasse(シュネル・タス)"は、ドイツ語で"fast cup(ファスト・カップ)"という意味だ。日本のスピードポットは、オレンジとグリーンの2色展開だった。

National
Speed Pot
NC−950
入れないでください
オレンジ色のつまみを動かす時は
下にコップ等の容器を置いてください
ご使用後 必ずプラグを電源から抜いてください

Sake Heater

サケ・ヒーター（酒かん器）
ナショナル | Model No. NC-31
日本、1979年

　この美しいつくりの製品は、日本酒用で、米からつくられた温めても冷やしても楽しめる日本の酒を加熱するものだ。NC-31は、小型のヒーターでありながら、ガラス部分に描かれた絵柄のように、日本の伝統的な要素も兼ね備えている。古来の文様が、ガラスとともにプラスチックを用いた見るからに現代的な電気製品に、姿を変えたのだ。ここに掲載した製品はグリーンだが、ホワイトとダークレッドも販売されていた。パッケージは、日本の着物姿で食事と熱かんを楽しむ男女の姿が微笑ましい。

National
NC-31
① ヌル ナミ アツ
② ナミ アツ
③ ナミ アツ

Cloth Dryer

クロス·ドライヤー（ポータブル乾燥機）
ナショナル | Model No. ND-11
日本、1976年

クロス·ドライヤーといっても、さまざまな用途がある乾燥機だ。パッケージの宣伝どおり、温風が当たる乾燥棚の部分は可動式で、物干しとして布巾などキッチンクロスを乾かせるし、また、直立型のドライヤーとして、洗った食器や濡れている靴に、吹き出し口のノズルを自在に向けて使う機能もある。伸縮式のスタンドを追加で本体に取りつければ、より大きなものも乾燥できる。また、壁への取り付けも可能だ。概して、多目的に使える乾燥用の機器であり、狭いキッチンや湿気の多い日本の気候に合っている。

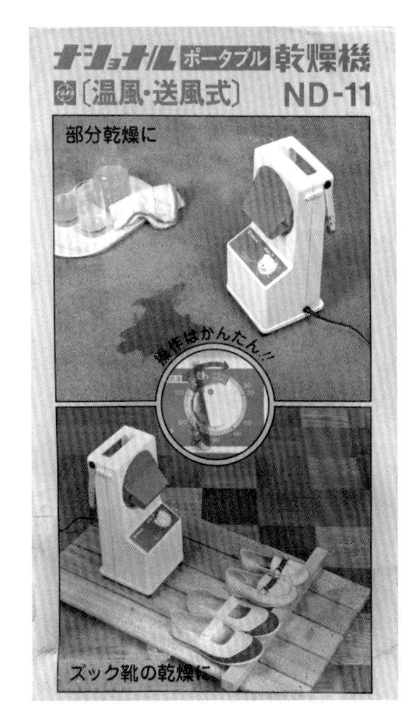

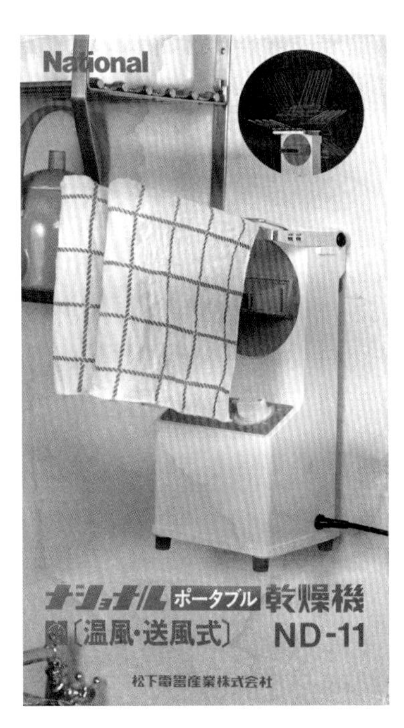

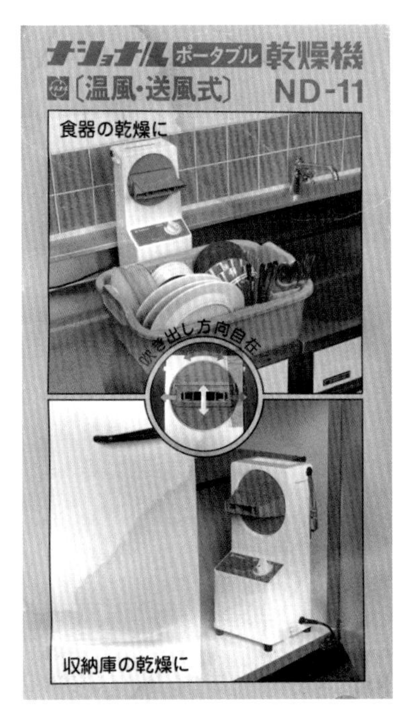

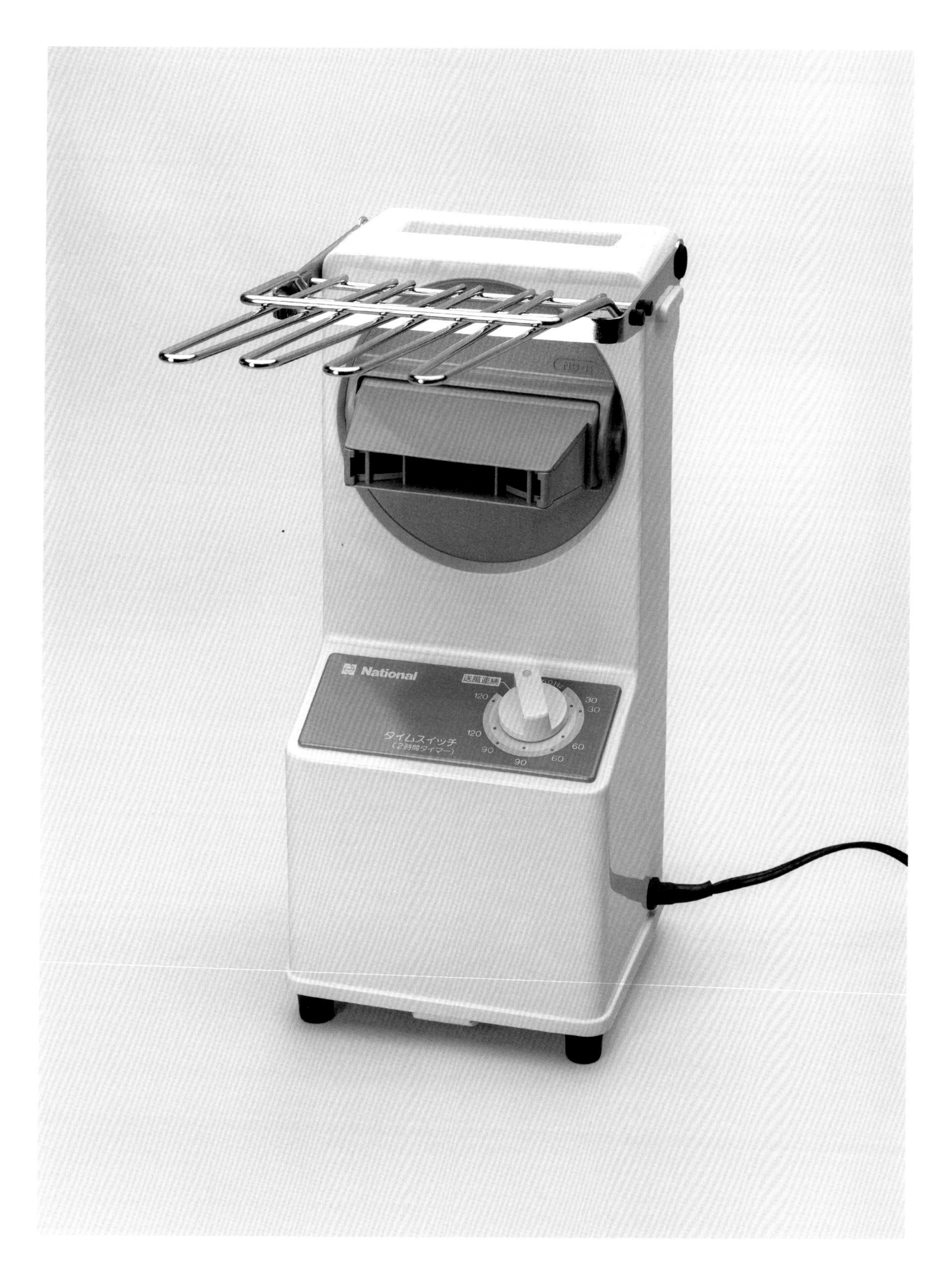
National
送風運転
タイムスイッチ
(2時間タイマー)

Ice Shaver

アイス・シェーバー（電気氷かき）
ナショナル | Model No. MF-U7
日本、1976年

当時日本では、このような氷かきが各種出回っていた。日本のデザート、“かき氷”にうってつけである。細かく削った氷に味付きシロップやコンデンスミルクをかけたかき氷は、世界各地でスノーコーンと呼ぶものに似ている。ここに示す製品はマンガのロボットみたいな絵がついているが、ペンギンなど他のモデルもあった。本体部分は高さを調整でき、その下に置くガラス鉢や器の大きさに合わせられる。

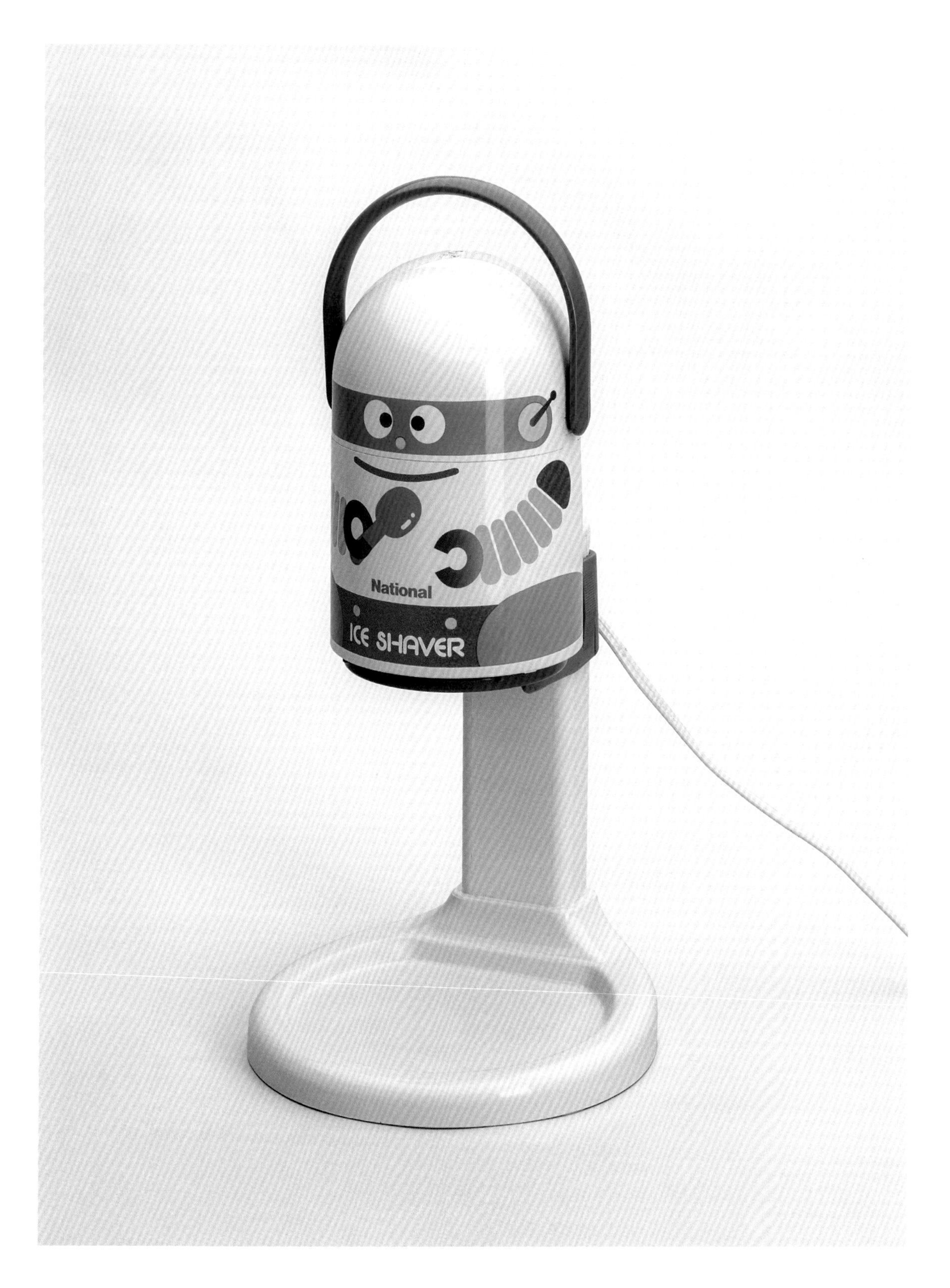
National
ICE SHAVER

Suzette

シュゼット
クルプス | Model No. 235
ドイツ、1977年

1970年代の軽快なオレンジ色で登場したSuzett（シュゼット）は、かつてなくクレープづくりを手軽にし、大当たりだった。生地を計量して専用の皿に広げ、このクレープメーカーの熱くなる面を、生地に浸すように当てる。それから、持ちあげてひっくり返せば、できあがりだ。薄いクレープが見事に焼きあがる。ルドルフ・マースがデザインしたこのモデルに続いて、いくつか同じようなクレープメーカーが他のブランドから発売された。しかし、クレープの簡単なレシピを模様のようにあしらった専用皿がついているのは、Suzettだけである。

KRUPS

Suzette

KRUPS

Party-Grill

パーティー・グリル
クルプス | Model No. 293
ドイツ、1975

1970年代のキッチン家電は、何はともあれ楽しみをもたらしてくれた。その好例がこのグリルで、ディナーテーブルの主役となり、参加型の調理の輪が生まれる。本書で紹介する別の電気グリル、フィリップスのRotating Grill（ローテーティング・グリル／168ページ）とは大違いの、単純で安全なデザインで、このクルプスのParty-Grill（パーティー・グリル）は、コンセントにつないだフライパンのようなものだ。使用後に冷めたら、グリルのプレートを取り外して簡単に洗える。赤味がかったオレンジ色と、カナリアイエローの2色がある。側部の通気口が並ぶデザインは、それとなくスポーツカーのスタイルを取り入れている。

KRUPS

Rotating Grill

ローテーティング・グリル
フィリップス｜Model No. HD 4151
オランダ、1978年

ハンス・ジュルケンベックがデザインしたこの製品については、少々首を傾げたくなる。主に安全性について疑問が湧いてくるのだ。この回転式グリルは、肉が十分に焼けるほど高温の発熱部が、ディナーテーブルの中央でむきだしになる。そんなことをして良いのだろうか？　さらなる懸念として、土台部分に十分な重さがないので、簡単に倒れてしまいそうである。後継モデルは、特色として中央の発熱部のまわりに安全のための金属棒を加えたとはいえ、こうした製品が1990年代まで販売されていたとは不可解である。肉を刺した串を取ろうとして、指を火傷した人はいなかったのだろうか？　それとも、クリスマスツリーの下にプレゼントとして置かれて、せいぜい1〜2回使うだけの商品で、フォンデュセットのように忘れ去られる運命だったのだろうか？

PHILIPS

Popcorn Center

ポップコーン・センター
ブラック・アンド・デッカー | Model No. SCP 100
米国、1982年

この製品は、ブラック・アンド・デッカーによるSpacemaker(スペースメーカー)というシリーズのひとつで、キャビネットや棚の下面に吊り下げて取り付けられるものだ。使いかたは引き出しになっている部分にコーンを入れるだけで、中で加熱されて膨らむコーンが窓の部分から透けて見える。コーンが弾けてスナックになる瞬間を見る楽しみがある。できあがったポップコーンは、傾斜をつたって下の容器に落ちてくる。ダークブラウンの色調のポップコーンメーカーは、キッチン家電というより、オーディオビジュアル機器みたいに見える。その点がこの製品の売りであり、パッケージ写真では、映像機器のキャビネット内にテレビと並べてポップコーンメーカーが取り付けられている。

BLACK&DECKER
Spacemaker
Popcorn Center
WAIT
READY
OFF
ON

The Looking Glass

ルッキング・グラス
ゼネラル・エレクトリック | Model No. IM-5
香港、1978年

　このべっ甲柄のミラーはライト付きで、舞台裏の鏡台の魅惑を、すべて卓上に再現したようなデザインだ。鏡のフレームは、褐色の半透明のプラスチックで、左右に取り付けられたライトが目を引き、楽屋の化粧台の照明を思わせる。点灯させる入切スイッチは、さりげなく鏡の下にある。鏡は横軸に沿って回転するので、「レギュラー」か裏面の「拡大鏡」か、切り替えられる。頑丈そうなプラスチック素材の製品で、香港製である。

Protector

プロテクター
ブラウン | Model No. PG E 1200
ドイツ、1978年

Protector(プロテクター)は、特許を取得したヒート・プロテクション・コントロールが、髪を熱から守ってくれる。ドライヤーのパワーと温度を、好みに応じて設定できるのである。1970年代はパーマをかけていた人が多く、パーマヘアに最適な設定もあった。Protectorは、ブラウンのドライヤーのなかで、吸気口が両サイドにあるモデルの最後の製品と言える。それ以降のモデルは、吸気口は後方の1カ所になり、安全性が大きく向上することになった。吹き出し口の部分が異様に短くて、部品が外れているのかと思うほどだが、欠損ではなく、デザイン上の特色である。

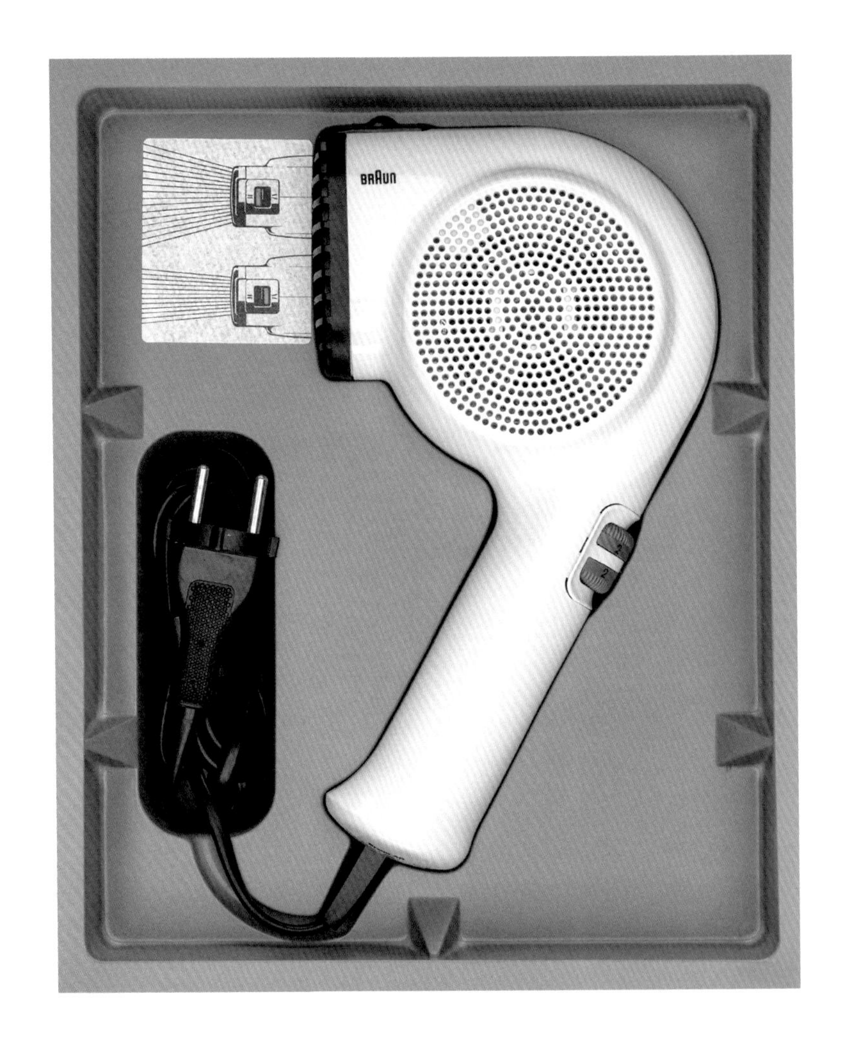

BRAUN
2
2

Braun Protector®
electronic sensor hairdryer 1200 Watt
BRAUN
BRAUN

Braun Protector®

BRAUN

electronic sensor hairdryer 1200 Watt

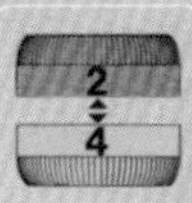

Sanft, sogar für das empfindlichste Haar.
Gentle, even for the most sensitive hair.
Doux, protège même les cheveux fragiles.
Delicato, anche con i capelli più sensibili.
Zacht, zelfs voor het meest gevoelige haar.
Skonsam även mot känsligt hår.

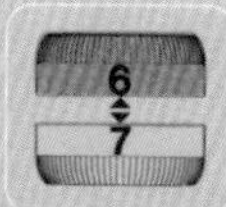

Kraftvoll, für schnellstes Trocknen.
Powerful, for fastest drying.
Puissant pour un sechage plus rapide.
Potente, per un'asciugatura più rapida.
Krachtig, voor snel drogen.
Effektiv för snabb torkning.

Natürlich, für lockige Frisuren.
Natural, for curly (permed) styles.
Naturel pour cheveux bouclés ou avec permanente.
Naturale, per la moda di oggi.
Natuurlijk, voor krullen (permanent).
Naturlig för lockiga (permanentade) frisyrer.

Individuell, für Ihre Lieblingsfrisuren.
Individual, for your favourite styles.
Idéal pour réussir toutes les coiffures à la mode.
Individuale, personalizza la vostra acconciatura.
Individueel, voor uw favoriete kapsel.
Individual för Dina favorit frisyrer.

Automatik Toaster

オートマチック・トースター
ムリネックス | Model No. 512
フランス、1978年

1970年代末までに、トースターは幅広の形状になり、さまざまなタイプのパンに使えるようになった。このムリネックスの製品もその一例で、パッケージに謳われているように「細長いフランスのバゲットも」トーストできる。箱型の幾何学的なデザインであり、オレンジ色の押し下げ式の操作レバーに、火力設定の黒いダイヤルが付いている点が、他とは異なる特徴である。使う人の好みに合わせて、トーストの焼き加減を調整できるのだ。ホワイトの外装が、ムリネックスの（およびキッチン機器全般の）デザインの変化を示しており、おなじみのオレンジ色を控えて、その他の淡い色調を用いるようになった。長方形のフォームは、競合するブラウン社が1962年に発売したトースター、HT2以来、受け継がれている。

Moulinex

Folienschweissgerät

フォーリエンシュヴァイスゲレート
AEG | Model No. FSG 102
ドイツ、1979年

Folienschweissgerät（フォーリエンシュヴァイスゲレート）は、中のビニールに食品を入れて保存袋として密閉するシーラーだ。巻いたビニール袋が内部に収められていて、袋の密閉とビニールのカットが1回の操作でできる。このように、まとめてつくった料理をできたての状態で長期保存するのに適したシーラーは、女性が仕事に就くようになっても依然として家事の負担が大きかった時代に、とても便利だった。当時はまだ、食品保存用のビニール袋が誕生して間もないころで、プラスチックのジッパーで閉めるZiploc（ジッププロック）が米国で発売されたのは、このシーラーのわずか10年ほど前である。

AEG

Cafetière Expresso

カフティエ・エクスプレッソ
カロー | Model No. 22.81
フランス、1976年

よくあるプラスチック製ではなく、黄色い金属素材に覆われたCafetière Expresso（カフティエ・エクスプレッソ）は、使いやすいマシンで、機能的には、従来からのエスプレッソメーカーよりもパーコレーター（コーヒー沸かし器）に近い。小さめのコーヒーサーバーが付いていて、容量は4杯分だ。また、専用のアタッチメントを使えば、ふたつのコーヒーカップに同時に抽出することができる。商品名として、Espresso（エスプレッソ）ではなくExpresso（エクスプレッソ）と綴り、正しくない"x"を用いているのは意図的で、きっとスピードと効率性を伝えたいのだろう。この製品の販売は、カローのほかにティファールが担った。

CALOR | expresso

Water Cleaner

ウォーター・クリーナー
フィリップス | Model No. HR 7470
日本、1978年

この珍しい商品は、日本市場に向けたものだった。アリスター・ジャックがデザインした浄水用の機器であり、丈夫なプラスチック製で、基部に電源スイッチがある。水中の不純物を木炭でろ過して取り除く仕組みで、水の容量は1リットルまでだ。取り外しできるカバーは、ろ過された水を受ける容器にもなり、本体に内蔵された便利なポンプによって浄水が注ぎこまれる。パッケージも興味深く、このろ過装置によって飲料水を浄化できるだけでなく、スープの味や、紅茶、コーヒーの香りもよくなる可能性を売りこんでいる。

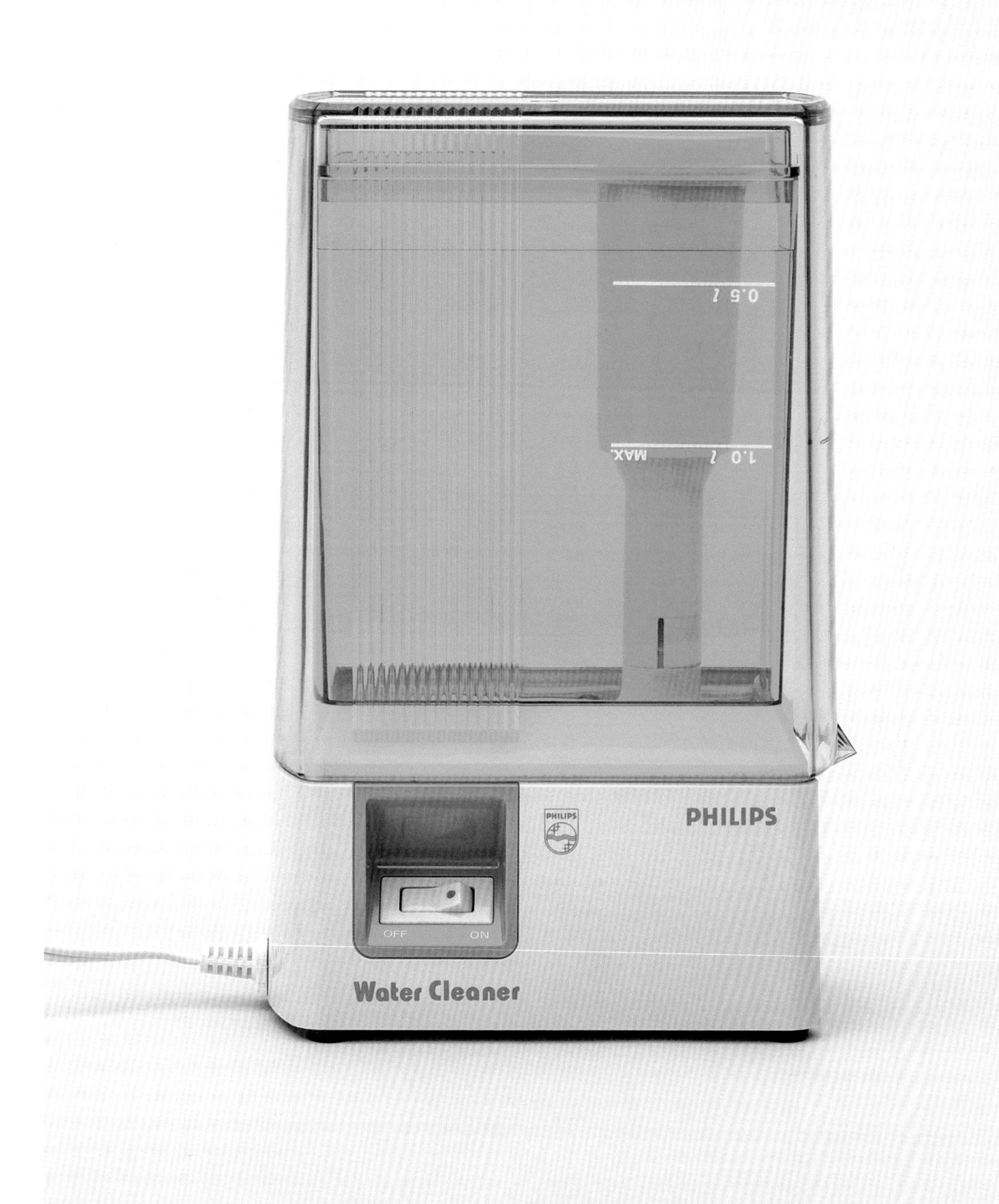
0.5 ℓ
1.0 ℓ MAX.
PHILIPS
PHILIPS
OFF
ON
Water Cleaner

Mixer

ミキサー
フィリップス | Model No. HR 1187
オランダ、1978年

1970年代のミキサーの目玉と言えるHR 1187は、人気商品だったため1985年まで販売が続いた。デザイナーのピーター・シュトゥトが手がけたこのスタンドミキサーは、コンパクトにまとまったデザインが特徴で、白のプラスチックにオレンジ色のアクセントは、このブランドの小型家電に共通する配色だ。使いやすく手入れしやすい製品であり、特におもしろいのが、容器を回転させる機能である。艶消しの透明プラスチックの容器を、基部のろくろのようなディスク上に置くと、写真のように容器を回してくれる装置が本体側にあるので、回転が続いて生地が混ざりやすいのだ。また、スタンドから外せば、ハンドミキサーとしても使える。

0 1 2 3 4 5
PHILIPS
PHILIPS

Joghurt-Bereiter

ヨーグルト・バライター
ロウェンタ | Model No. KG-76
ドイツ、1976年

イエローの丸い本体に透明なブラウンのカバーがついた調理機器は、エッグボイラーに見えるかもしれないが、実際は、牛乳を入れた7個の小さなボトルを、最長6時間のあいだゆっくり温めるためにある。すると、できあがるのは？　手づくりヨーグルトである。ほとんど手間はからない。この極めてシンプルな道具は、電源スイッチすら付いていない。プラグを差し込めば、作動を示すランプが点灯するだけだ。何色か色違いがあり、他のブラントからもわずかに手を加えた製品が販売された。

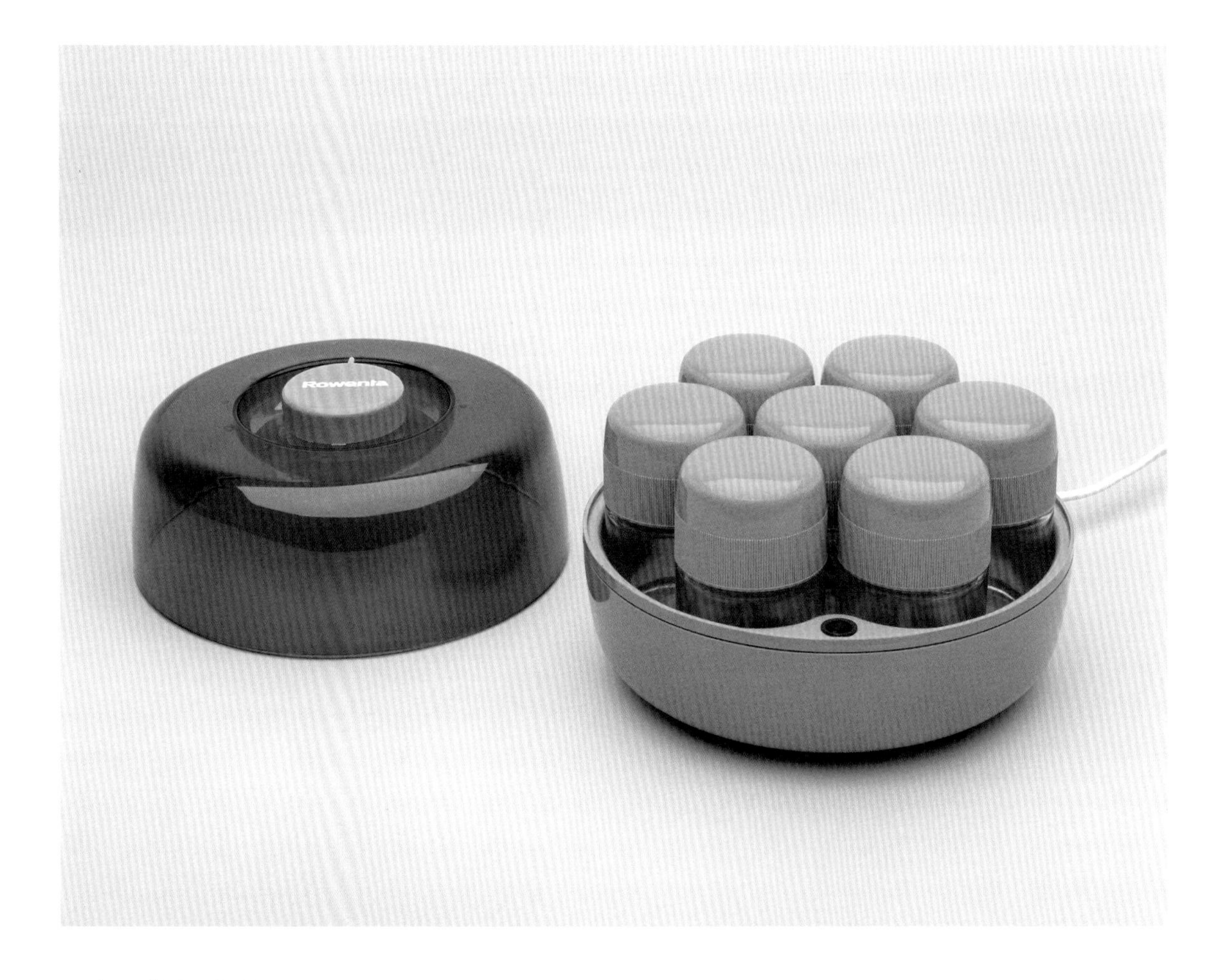

Yogurt Maker

ヨーグルトメーカー
東芝 | Model No. TYM-100
日本、1983年

見た目からは用途がよくわからないが、これは一風変わったヨーグルトメーカーである。ヨーロッパ製のヨーグルトメーカーは、いくつかのガラス容器に1人分ずつ分けてつくるが、この東芝の製品は、コンテナがひとつだけでオールプラスチックのデザインである。パーツが少なければ洗うのも楽、という考えかただ。コンテナの容量は1リットルで、回して締める蓋が付いており、そのまま冷蔵庫で保管できる。硬質プラスチックの材質と色調が、1980年代半ばのデザインであることを示している。

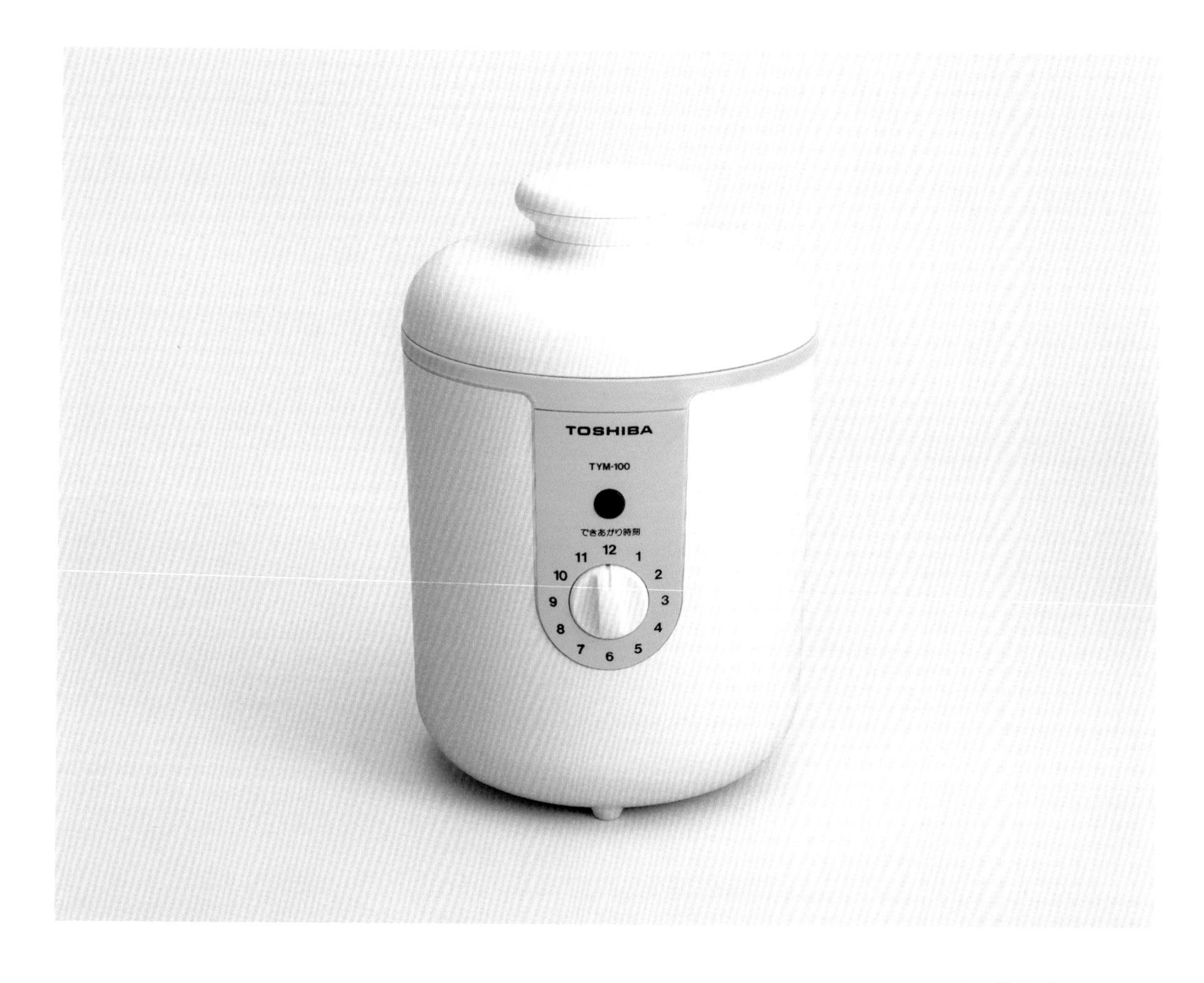

Novodent Pulsar

ノヴデント・パルサー
クルプス | Model No. 353
スイス、1982年

　水圧で口腔洗浄するオーラルイリゲーター、Novodent Pulsar（ノヴデント・パルサー）は、電動歯ブラシのNovodent Vario（ノヴデント・ヴァリオ）と並行して発売された。角を丸くしたやわらかいつくりがクルプスらしいデザインである。透明な水タンクを載せる基台の色は、ホワイトとグリーンがある。それまでは、この手の商品のタンクは半透明のプラスチックで、水の濁り具合が見えにくかったはずだ。このNovodentのシリーズは、クルプスにとっては、最初で最後の口腔ケア機器となる。クルプスは、オーラルイリゲーターがデンタルフロスの変わりになるのか、十分な医学的証拠がないという判断を早期に下し、競合のブラウン社が口腔ケア市場で優勢だったこともあり、撤退したのである。

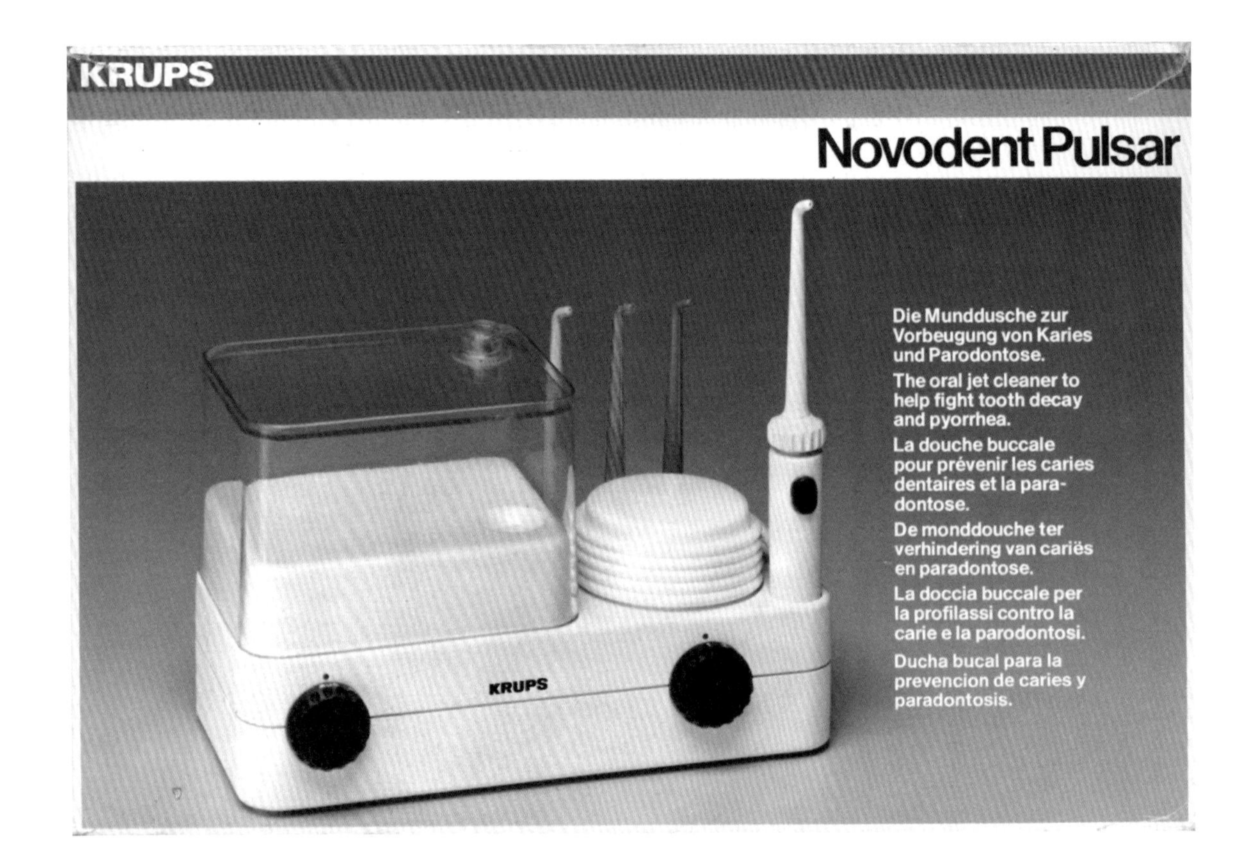

KRUPS

THE

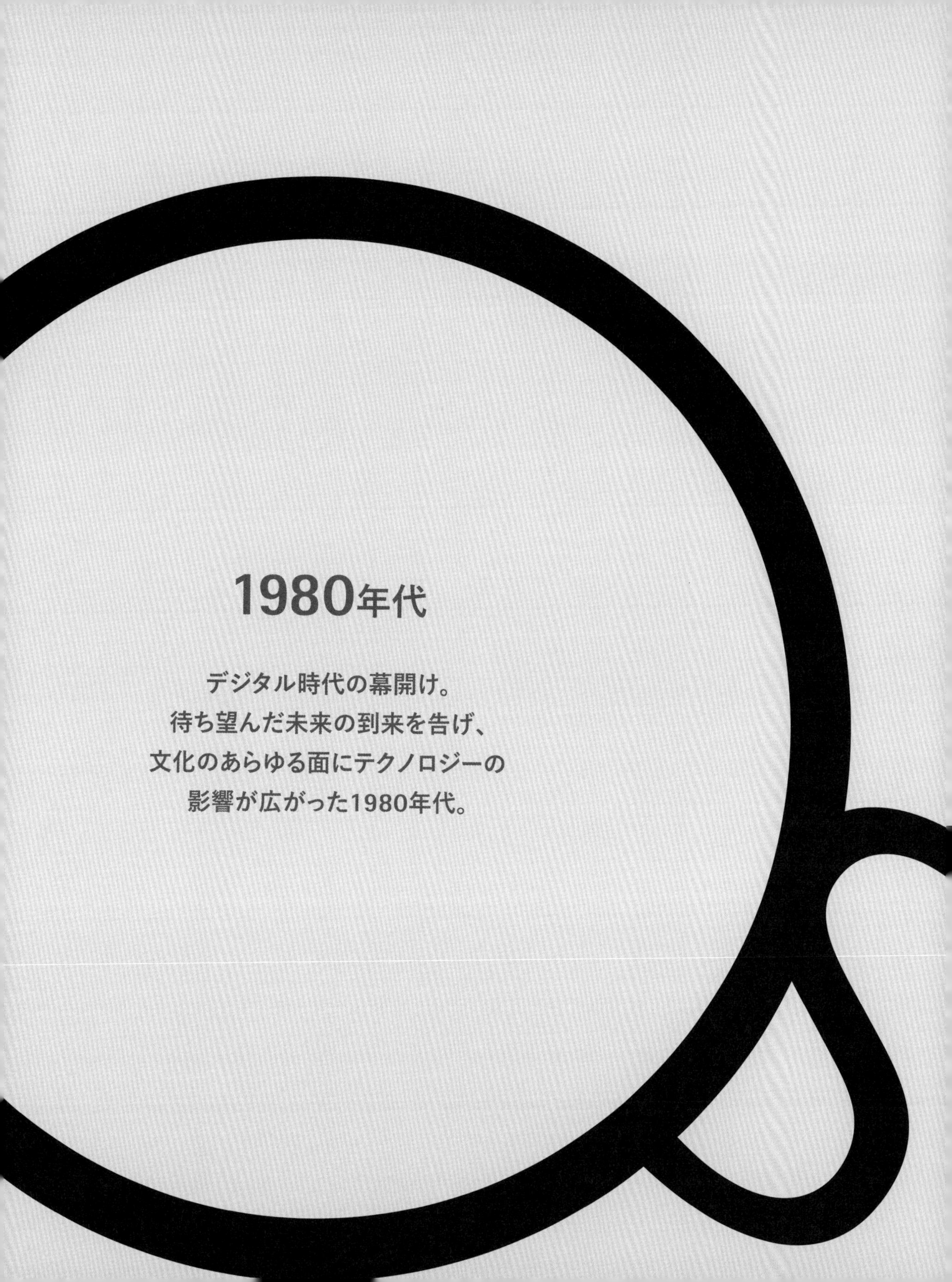

1980年代

デジタル時代の幕開け。
待ち望んだ未来の到来を告げ、
文化のあらゆる面にテクノロジーの
影響が広がった1980年代。

melk

テクノロジーが、人々の暮らしのなかで重要な役割を担いつつあった。1982年、『タイム』誌のマン・オブ・ザ・イヤー(今年最も影響を及ぼした男性)を、"パーソナル・コンピューター"が受賞

1982年、『タイム』誌のマン・オブ・ザ・イヤー(今年最も影響を及ぼした男性)を受賞したのは、"パーソナル・コンピューター"だった。のちに賞の名称は変わったが、この選考結果は1980年代について多くを物語っている。その名のとおり、通常この賞は、男性の世界のものだった。1999年に"パーソン・オブ・ザ・イヤー(今年最も影響力を及ぼした人物)"に改めるまでに、数少ない例外として選ばれた"ウーマン・オブ・ザ・イヤー(今年最も影響力を及ぼした女性)"は4名にすぎない。そのようなわけで、異例と言える1982年のパーソナル・コンピューターの受賞は、いかにテクノロジーが社会の変革を進めているかを明らかにした。

情報化時代の到来を告げ、産業にもとづく社会からテクノロジー中心の社会への移行期にありながらも、1980年代の幕開けはあまり明るいものではなかった。1980年12月8日のジョン・レノン暗殺は、世界に衝撃を与えた。続く1981年には、HIV/エイズが広がりはじめるとともに、石油価格の高騰が西側諸国を揺さぶりつづけた。また、女性が重要な役職に就くようになったとはいえ、1986年に『ウォール・ストリート・ジャーナル』紙は「ガラスの天井(glass ceiling)」という言葉を生み、社会へ進出しようとする女性が直面する、目には見えない障壁の存在を表現した。なおも男女の平等のための闘いが続き、今日に至る。

1983年までには、西側の大部分で経済の立て直しが進み、持続的な成長に湧いた。インフレ率が低く抑えられていた80年代は、中産階級に富をもたらした。家族世帯も若い専門職も、都市部を離れ、郊外に広い家を購入して移り住むようになった。ゆったりとしたキッチンとリビングルームを備えるとともに、美しく刈り込んだ芝生や、車2台用のガレージ、魅力あふれる家の外観も求められた。こうした新たな住宅地に集まったのは、工業都市の過密、公害、犯罪が嫌になって移ってきた人たちだった。

変化は家庭のなかにも生じ、ちょっとした改装を加えるという程度ではなく、家庭の役割と家族の力関係のダイナミクスも変わっていった。フルタイムで仕事に就く女性がさらに増えたものの、1970年代と同じく、主婦という家事の担い手に課せられた業務から女性が解放されたわけではなかった。カウンターに置く電子レンジが考案されると、家事がはかどるようになり、80年代の料理本は、何もかもレンジでつくる調理法を説いた。英国のシェフ、キャロル・ボーウェンによる『The Microwave Cookbook(電子レンジクッキング)』(1984年)は、フランスの伝統料理、ロブスター・テルミドールのレシピまで掲載している。今はロブスターを電子レンジにかけようとは思わないだろうが、80年代はとにかく何でもスピードがすべてだった。

こうした利便性を追求して余暇時間を生もうとする動きは、キッチンを越えてリビングルームの暮らしにも及んだ。リビングはラベンターやピーチなどパステルカラーで彩るのが常で、まだら模様のついた壁紙、ガラス張り、リノリウムの床といった、手入れの簡単な材質が用いられた。テレビのリモコンがあれば、もう立って番組を替えなくてよいし、チャンネルの選択肢という点では、かつてないほど幅広くなっていた。1981年に、音楽専門チャンネルとしてMTVが開局し、音楽の新しい楽しみかたを家庭にもたらした。表現性に富み、時に熱狂に火をつけるミュージックビデオの登場である。マイケル・ジャクソンの「スリラー」(1982年)のリリースに続いて放映されたミュージックビデオが、真の芸術の域にまで高められていると評価を得て、ゾンビ・ダンスや赤いレザージャケットなどビデオの中の数々の要素も、長きにわたってポップカルチャーにインパクトを及ぼした。MTVを観る以外にも、若者たちは青春映画の黄金時代を謳歌し、『ブレックファスト・クラブ』(1985年)、『すてきな片想い』(1984年)、『フェリスはある朝突然に』(1986年)といったカルト的な人気を誇る名作もあった。

家族世帯も若い専門職も、都市部を離れ、郊外に広い家を購入して移り住むようになった。ゆったりとしたキッチンとリビングルームを備えるとともに、美しく刈り込んだ芝生や、車2台用のガレージ、魅力あふれる家の外観も求められた

80年代を通じて、キッチンも変化した。かたちや見た目よりも機能を優先する調理作業に限った場ではなく、家庭の中心的な空間となった。調理台にもなる簡易なテーブルセットやブレックファストカウンターを備えたキッチンなら、カジュアルな食事のひとときも楽しめる。目新しい品々があふれ、特定の用途に特化したデザインの機器が次々と市場に現れた。たとえばブラック・アンド・デッカー社のPopcorn Center（ポップコーン・センター／1982年）は、テレビの前で過ごす夜のためにトウモロコシを膨らませ、カロー社のLa Chocolatière（ショコラティエ／1985年）で、とろけるように滑らかなホットチョコレートを好きなときに味わえる。ちょっとした雰囲気の演出には、香りを放つ"レコード"を楽しめる、アロマンス社のAroma Disc Player（アロマ・ディスク・プレーヤー／1983年）がある。

70年代末から80年代の家電メーカーは、歯科医にとっては喜ばしいことに、口腔衛生用の商品に焦点を当てはじめた。1980年、ロウェンタのDentasonic（デンターソニック）が登場し、入れ歯の洗浄が楽になった。翌年にはAEGがコードレスの電動歯ブラシ、Dentalux AE（デンタールクス AE）を発売し、同様の製品の先駆けとなった。この電動歯ブラシは、余計なものを省いた白いプラスチックの外観で、80年代的な抑制のきいたデザインへ、移行の兆しがうかがえる。60〜70年代のサイケデリックな色彩は出番がなくなり、本当の意味で美的な趣きが電気製品に求められるようになった。70年代のヘアドライヤー、コーヒーメーカー、コーヒーグラインダー、ミキサーで一般的だった鮮やかなオレンジ色に替わり、白いタイルの清潔な調理台を備えたキッチン向けに、ホワイトやシルバーグレーが好まれたのである。

色調とともに、材質も変化した。プラスチックは製造技術の進歩によって、さらに薄く表面も艶やかになり、可塑性が増して成形の自由度が高くなったおかげで、斬新なつくりや実験的なフォームが可能になった。「カラフルだった70年代が終わると、多くのブランドは、色をホワイトに変えることで、新製品だとアピールしたのです。消費者にとって、そうした商品は、1970年代からの脱却を示すものでもありました」。本書に掲載したコレクションを所有するインテラクションデザイナー、ジェロ・ジーレンスは言う。「70年代のイメージ（記憶）として、無秩序で猥雑な時代という見かたもあるので、80年代には、キッチンやバスルームなどの空間に清潔感を求めるようになったのです」

カウンターに置く電子レンジの考案で、家事がはかどるようになり、80年代の料理本は、何もかもレンジでつくる調理法を説いた

キッチンは、かたちや見た目より機能優先の調理するだけの場ではなく、家庭の中心的な空間となった。

ただし、このような美学は、当時のファッションや服装を映し出すものとは言えず、そうした分野では、80年代はあらゆる面で過剰なマキシマリストの時代であった。ヘアスタイルはボリュームがあり、肩のパッドも大きく膨らませる。ネオンピンクのアイシャドーにネオンライムのレッグウォーマーで、蛍光色がぶつかり合う。スポーツブランド、ゴーグルなどスキーウェア、バギーデニム、Ray-Ban(レイバン)のサングラスが、当時のレイヴパーティにうってつけのファッションだった。一方、働く女性の装いは、肩の張りだしたジャケットで社会的な力を体現する、パワードレッシングがお決まりだ。

デザインの世界では、メンフィス(1981年にイタリアで結成され、国際的に広まった前衛的なデザイナー集団)の運動が、それまでの機能優先のスタイルを嘲るかのように、目を引く装飾パターンと、自由奔放な色調、幾何学的なかたちの組み合わせを展開した。音楽にも新たなスタイルが生まれた。オルタナティブ・ロックの潮流、グランジは、よく知られるとおりシアトルで誕生し、ニルヴァーナ、サウンドガーデン、アリス・イン・チェインズといったバンドが結成された。一方、デトロイトやシカゴのミュージシャンは、シンセサイザー、ドラムマシン、音源サンプラーなどの電子機器で、テクノ、ハウス、それぞれのジャンルの音楽を生みだした。

1980年代以降に生まれた世代にとっては想像もつかないほど、テクノロジーは日常生活に影響を及ぼした。一方で、私たちのまわりでは、基本に立ち返り必要最小限の暮らしに回帰する動きも、少なからずある。スタイルとしては、概して抑制のきいたものになりつつあり、私たちは周囲の環境に穏やかさを求めるようになって、ロブスターは急がずにオーブンで調理している。とはいえ、1990年代から、耐久性の低い製品をあえて販売する計画的陳腐化が推し進められてきたことを考えると、その発想は今日の環境意識の高い消費者の求めとは対極にあり、そうした状況に陥る前の時代を振り返って学ぶ意味が、少しはあるのではないかと思っている。

TS10 Aroma Super Luxe

TS10 アロマ・ズーパー・ルクス
クルプス｜Model No. 163
ドイツ、1979年

1970年代のコーヒーメーカーの頂点に立つのは、このAroma Super Luxe（アロマ・ズーパー・ルクス）をおいて他にない。先端技術を用いた操作パネルで、各種の設定ができるのが特徴である。今では当り前だが当時としては新しい点として、デジタル時計と同様のテクノロジーの導入により、真空蛍光ディスプレイ（VFD）の青緑色のデジタル表示が備わっているのだ。洗練されたフォームに加えて時代を先取りする機能も備えているとなれば、消費者としては価格が高めでも許容範囲で、購入にためらいはない。こうした商品と価格の折り合いは、このAroma Super Luxeの成功に続いて1981年にCafethek Luxe（カフティク・ルクス）というコーヒーメーカーを発売したクルプスが、身をもって学んだ点である。Cafethek Luxeは、余計な機能があれこれ付いてユーザーを混乱させるばかりで、結果として値段に見合わない商品だったのだ。

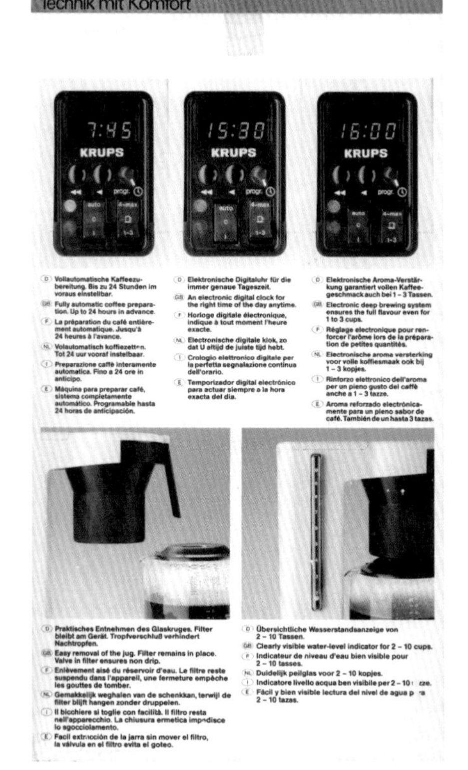

10
9
8
7
6
5
4
3
2
KRUPS
progr
auto
4-max
0
1-3

Multipractic Plus

マルティプラクティック・プラス
ブラウン | Model No. UK 1
ドイツ、1983年

こうしたタイプのフードプロセッサーは、1970年代の日本で生まれた。ブラウンは、競合相手による類似製品の販売が何年も続いた後、だいぶ遅れて、自社初のフードプロセッサー、Multipractic Plus（マルティプラクティック・プラス）を発表した。遅くても登場した価値はある。さまざまな特質を備えたマシンであることが明らかになった。このプロセッサーには、カッターに加えて4種類のスライス用ディスクが付いていて、その組み合わせ次第でホイッパー、ミキサー、ブレンダー、スライサー、シュレッダーになるのだ。安全性を高める機能は、重視されるべきなのに備わっていないことが多いが、この製品は、攪拌容器を固定しないと機器が作動しないよう工夫されている。

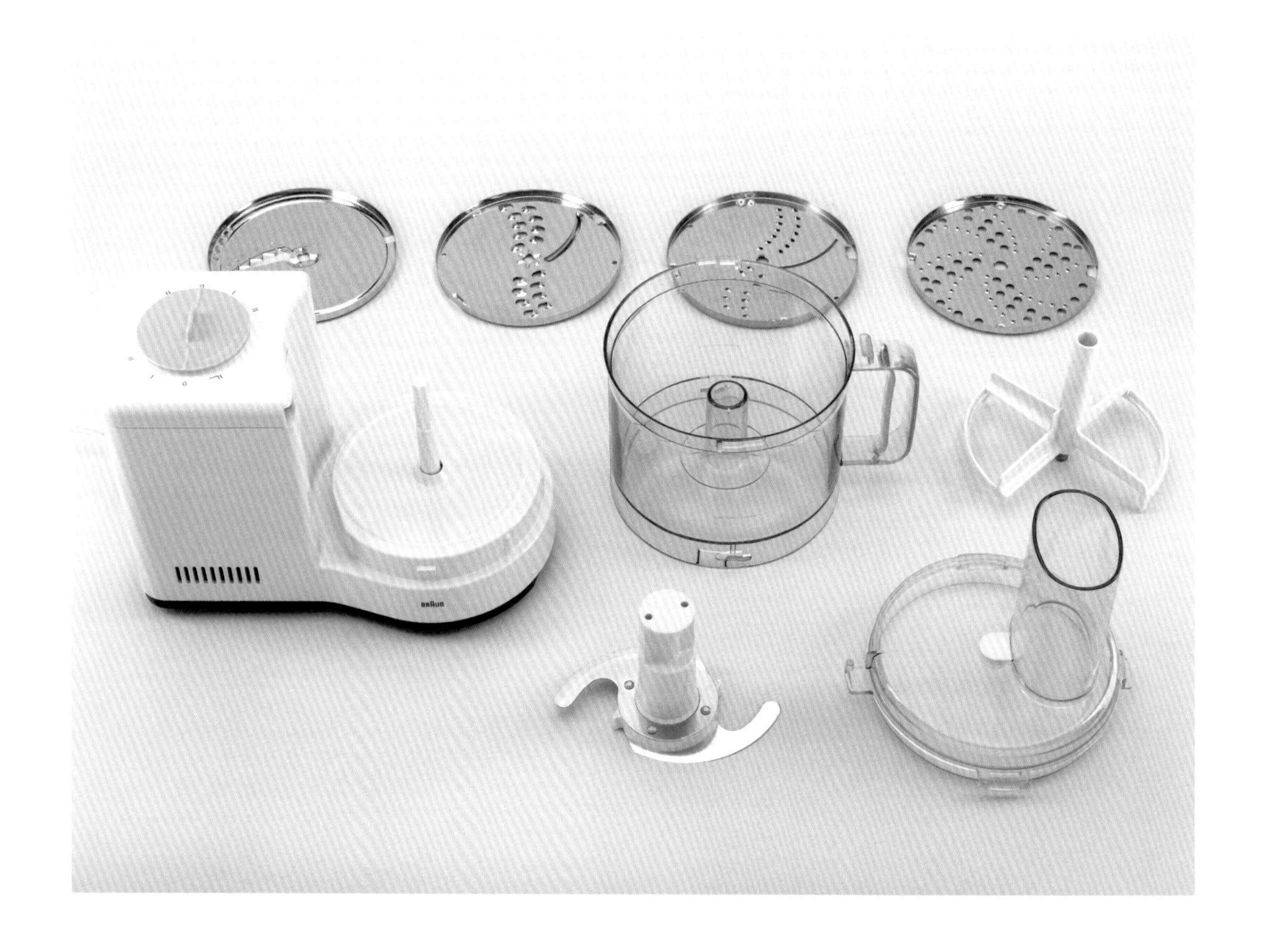

BRAUN

Softstyler

ソフトストスタイラー
ブラウン | Model No. PG S 1000
ドイツ、1982年

ディフューザーがなければ、Softstyler（ソフトスタイラー）は普通のピストル型のヘアドライヤーで、ブラウンが発売してきた多くの商品と変わりはない。だが、この大きな丸いアタッチメントをセットすると、見違えるように新しい製品になる。ディフューザーの正面の吹き出し部分も、後方の吸気口も、揃いの孔を並べたデザインだ。メガホンのようなかたちは、まさに1980年代のボリュームあるヘアスタイルを象徴する。この製品のもうひとつ目を引く要素は、80年代の魅力的なアボカドグリーンの色合いである。発売されたのは、この色だけだった。

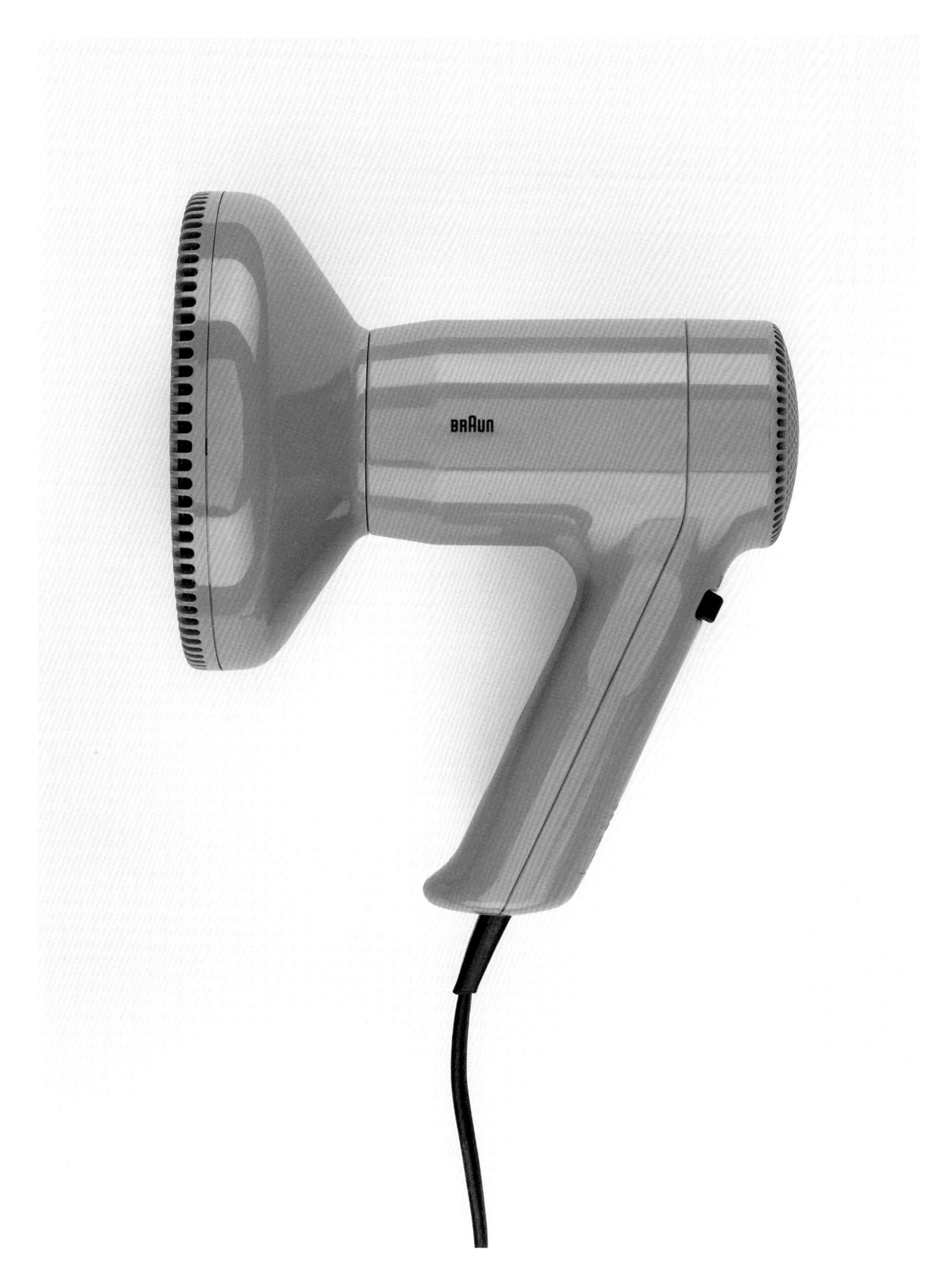
BRAUN

Stabmixer Vario

シュタブミキサー・ヴァリオ
ブラウン | Model No. MR 6
ドイツ、1981年

Stabmixer Vario（シュタブミキサー・ヴァリオ）は、スイスのキッチン家電メーカー、バーミックスの創業者であるロジャー・ピレンジャケトのハンドミキサー発明から、ほぼ31年後に登場した。ルートヴィヒ・リットマンによるデザインで、材質は白くなめらかであり、操作部は人間工学（エルゴノミクス）にもとづき握りやすいくぼみがあり、ステンレス製のシャフトは先端が丸くなって光沢を帯びている。上部のダイヤルは段階的なスピード設定のためのもので、電源スイッチは鮮やかな赤色である。写真の製品は、すべて揃ったデラックス版のセットで、パッケージの写真にある攪拌用のアタッチメントと裏ごし器の他に、ピッチャーが2点と、壁に掛けるためのホルダーも付いていた。

BRAUN

3 Mix 4004

スリー・ミックス 4004
クルプス | Model No. 727
ドイツ、1982年

商品名はありきたりだが、3 Mix 4004(スリー・ミックス 4004)は、ベストセラー商品だ。ルドルフ・マースによるすっきりとシンプルなデザインであり、クルプスが1959年に販売を開始した3 Mix(スリー・ミックス)ミキサーのシリーズ内で、最新の進化をとげた製品だ。先行するモデルと同様、別売りで追加のアタッチメントがあり、“schnitzelwerk(シュニッツェルヴァルク)”という、シュレッダーの役割を果たす珍しいものもあった。このようなミキサーは、まず壊れないので、今日でもドイツの家庭で使われているだろう。

(D) Ausbaufähig zum vielseitigen Küchensystem.
(GB) Can be extended by various accessories into a multipurpose kitchen system. (★ not available in the U.K.)
(F) Peut être complété en un système robot de cuisine à usage multiples.
(NL) Geschikt om te worden uitgebreid tot een veelzijdig keukensysteem.
(E) Ampliable a sistema robot de cocina.
(S) Kan byggas ut till ett mångsidigt köks-system.

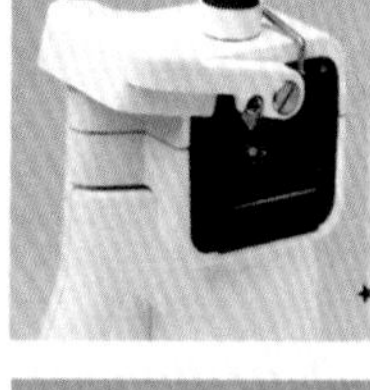

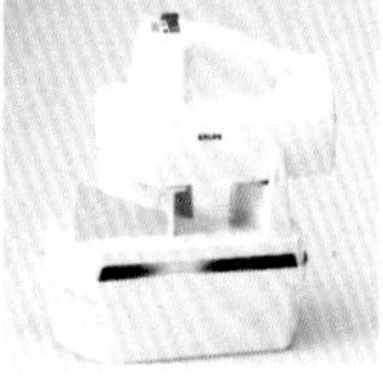

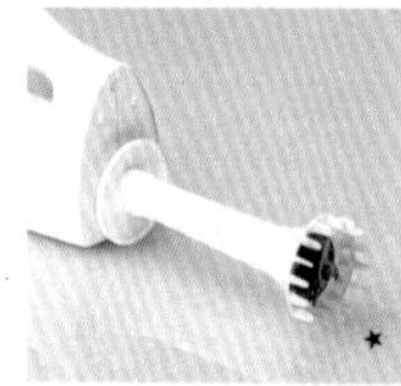
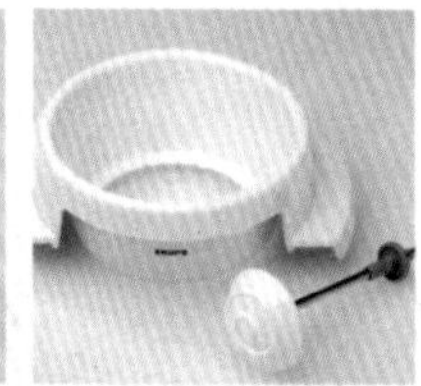

(D) Starker 170-Watt-Motor. Momentschalter für Kurzbetrieb. 3 Geschwindigkeitsstufen.
(GB) Powerful 170 watt motor. Instant button for short operation. 3 speeds.
(F) Puissant moteur de 170 Watt, commutateur instantané pour un bref fonctionnement. 3 vitesses.
(NL) Sterke 170-watt-motor. Momentschakelaar voor kort gebruik. 3 snelheden.
(E) Motor de 170 W de potencia. Interruptor momentáneo para uso breve y 3 velocidades.
(S) Kraftig motor på 170 W. Momentomkopplare för kortvarig körning. 3 hastighetssteg.

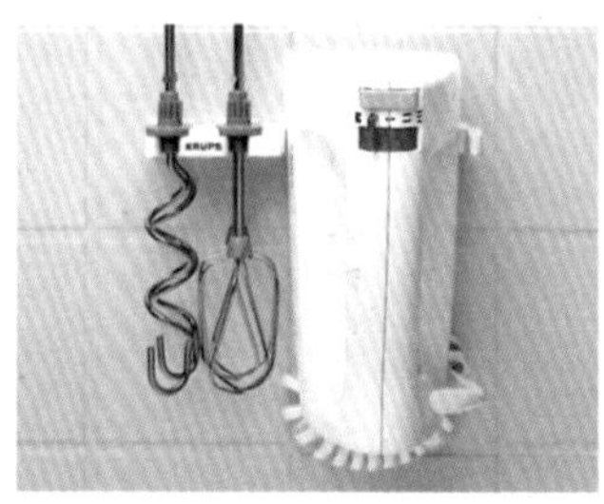

(D) Platzsparende Wandhalterung.
(GB) Space-saving wall-bracket.
(F) Support mural peu encombrant.
(NL) Plaatsbesparende wandhouder.
(E) Sujección de pared para ahorrar espacio.
(S) Utrymmesbesparande väggfäste.

(D) Bedienungsfreundlich durch Spiralkabel.
(GB) Spiral cable for easy use.
(F) Confort de manipulation par cordon en spirale.
(NL) Gemakkelijk te bedienen door het spiraalvormige snoer.
(E) Manejo más cómodo con el cable espiral.
(S) Lättskött tack vare spiralsladden.

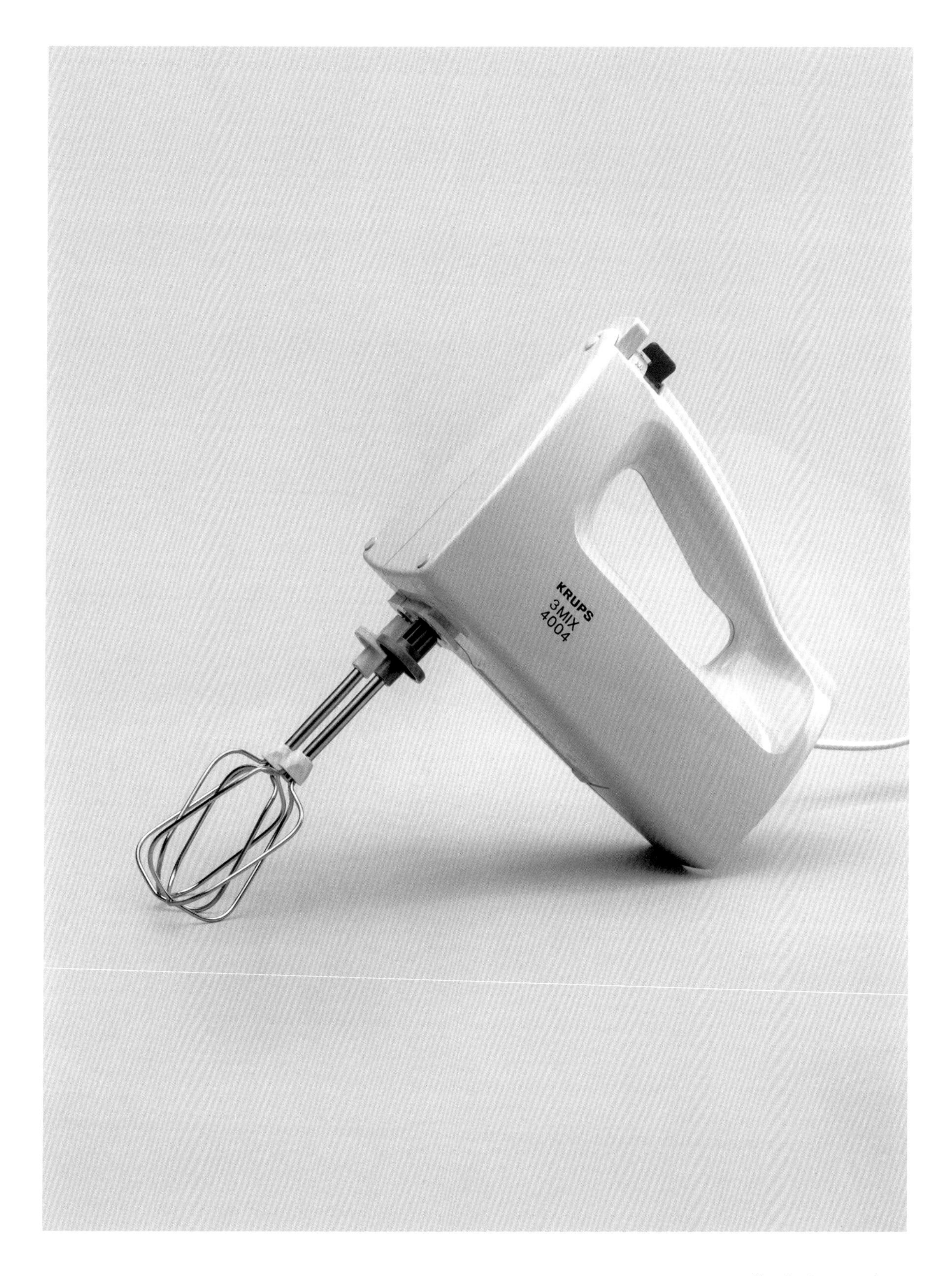
KRUPS
3MIX
4004

La Pasta Machine

パスタ・マシン
ムリネックス | Model No. 717
フランス、1983年

1980年代のキッチンに、"楽しき人生(la dolce vita)"の味わいを添えてくれるのが、このムリネックスの立派なパスタメーカーである。古代ローマの遺物に刻まれているようなセリフ書体を文字として用いた、視覚的なディティールがおもしろい。その他の特徴はいまひとつで、頑丈なモーターのせいで重たい機械であるうえ、あれこれとパスタの種類ごとのディスクや付属品を使わないといけない。複雑だとはいえ、品質は高く実用に足るものだ。ここに示す製品は、リーガル社の協力により、リーガル・ムリネックスというブランドで販売された米国のモデルである。

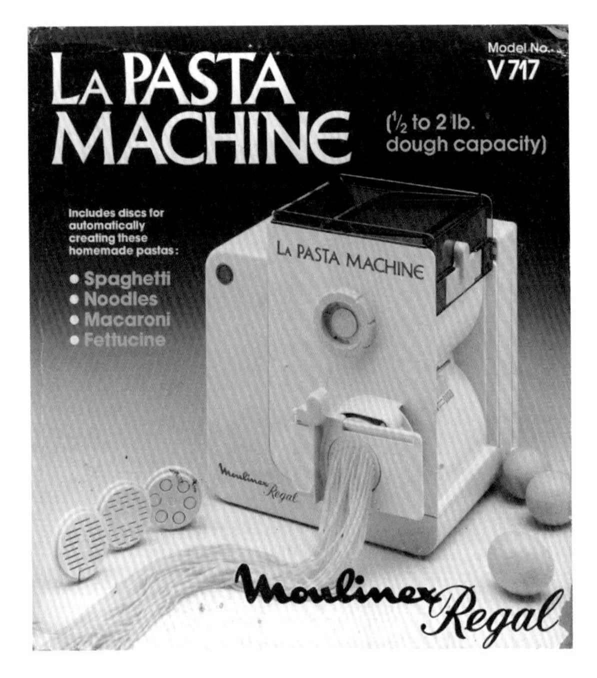

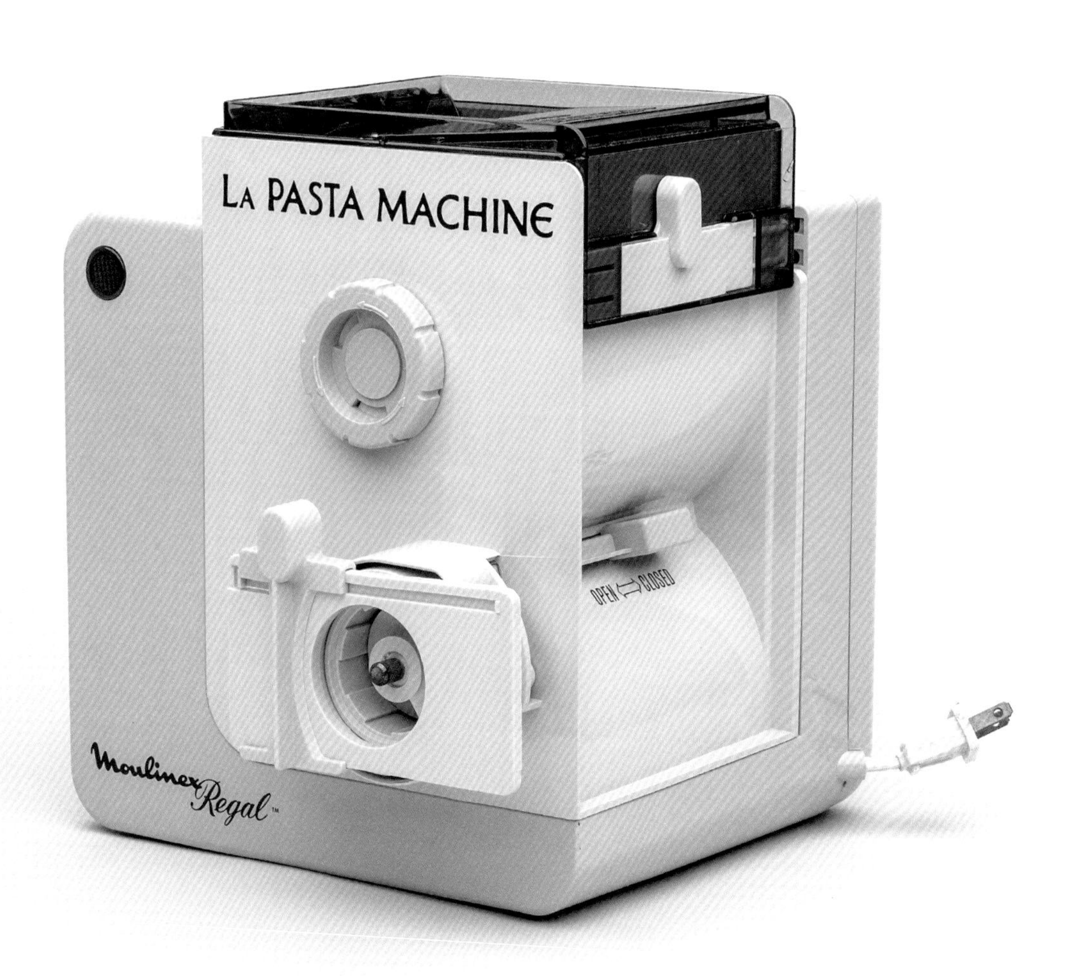
LA PASTA MACHINE
OPEN ⟺ CLOSED
Moulinex Regal™

Ice Crusher

アイスクラッシャー
東芝 | Model No. KC-55A
日本、1984年

ミキサーで氷を砕くと、故障につながるし刃を傷めるという問題を、解消してくれるマシンである。この日本製のアイスクラッシャーは、時代の先を行こうとするようなデザインで、構造としては本書のコレクションにある大きめのコーヒーグラインダーと似ている。粉砕する部分が、透明なカバー越しに見えるので、氷をどのくらい小さく砕くか選ぶことができる。このKC-55Aは、サイズがコンパクトで電池で動くので、持ち運びしやすい。

TOSHIBA
KC-55A
Ice Crusher

Travel Iron

トラベルアイロン
フィリップス | Model No. TI 6500
台湾、1982年

外出先でシャツのアイロンがけが必要な人のために、1982年にフィリップスは、ロン・ミュラーのデザインで、この尖った旅行用アイロンを発売した。携帯しやすいように、サイズは通常より小型で、ハンドルを倒して平らにすればコンパクトなかたちになる。金属性に見えるが、熱くなる底面がアルミニウムであるほかは、丈夫なプラスチック製だ。取り外せる小さな水タンクもついていて、霧吹きやスチームの機能を使ってアイロンがけできる。このTravel Iron（トラベルアイロン）のデザインと配色は、同じ年に売りだされた、手持ちで衣類のシワを伸ばせるPortable Fabric Steamer（ポータブル・ファブリック・スチーマー）と似ている部分がある。

Fashion

ファッション
ロウェンタ | Model No. DA-54
ドイツ、1985年

1985年、トラベル用を含めアイロン生産において既に66年の実績を積んできたロウェンタは、この遊び心ある製品を、透明な外箱に入れて発売した。ハンドルは軽くて、折りたたむと平らになり、収納しやすいかたちにまとまる。スチーム機能もあり、水タンクには水量がわかる細い窓がついている。このアイロンは、ホワイトにサニーイエローをアクセントとした配色が新鮮で、このイエローを効かせたしゃれた色づかいが、“Fashion(ファッション)”の名につながった。先行する製品として、数年前にブルーをアクセントにした類似の商品を発売しており、後に1980年代末になると、ピンクのバージョンが登場する。

Mr. Instant

ミスターインスタント
メリタ | Model No. MI-500
日本、1981年

この製品は日本製で、ドイツのブランド、メリタによるアジア市場への進出戦略の一貫である。フードプロセッサーやアイスクリームメーカーなど、“ミスター”シリーズの4つの商品で市場を広げようする試みだった。この製品のデザインは、プラスチックを金属製に見えるように仕上げた部分があり、一見したところ用途がわからない。実際には、Mr. Instant(ミスターインスタント)は、熱湯を注ぐ手軽なホットドリンクなら何にでも使えるもので、持ち運びやすいハンドルと、マグカップを出し入れするための把手のついたドアが特徴である。メリタのペーパーフィルターとドリッパーを、この機器と組み合わせて使うこともでき、水差し付きで本体とともに販売していた。

Melitta
Mr. Instant
AUTOMATIC HOT BEVERAGE MAKER
MONITOR
TIMER
MAIN SWITCH
OFF
ON
ALARM
OFF
ON
Melitta
Mr. Instant

Air Cleaner

エアクリーナー
フィリップス | Model No. HR 4371
日本、1980年

この見映えのよい空気清浄機は、小型のろ過装置であり、フィリップスが日本で製造して販売した清浄機のひとつである。ロン・ミュラーによるデザインで、一般にはホワイトの製品が売られていたが、ここに示すアップグレードモデルは、木目調と黒のプラスチック素材でできている。吸引した空気を、静電気を帯びたフィルター構造のなかに取り込み、ほこりや汚染粒子を集塵したら、ろ過した空気を再び循環させる。丸い集塵フィルターは、透明なプラスチックを用いた専用のケースに収められており、ユーザーはそれを見てフィルターの取り換えが必要かどうか確かめられる。

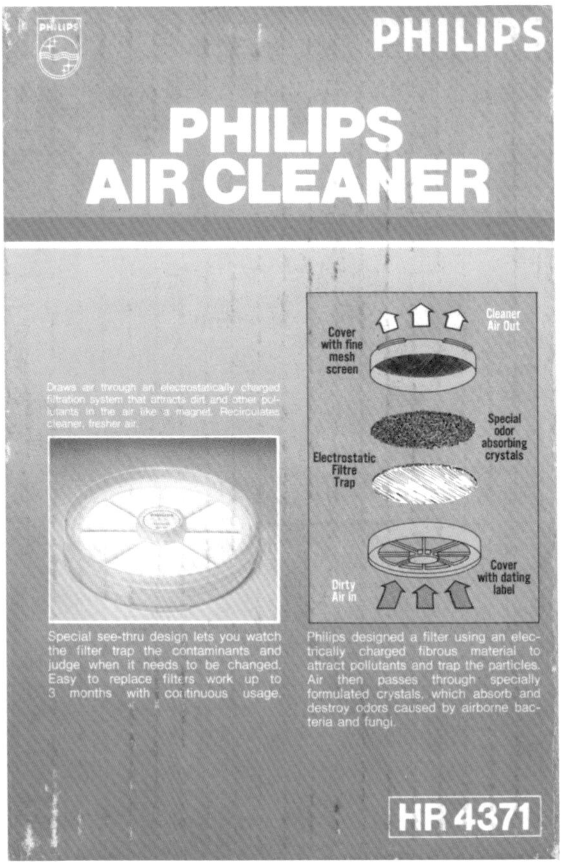

PHILIPS

Aroma Disc Player

アロマ･ディスク･プレーヤー
アロマンス | Model No. 4300
香港、1983年

本書の多くの製品は、時を経ても古びていない。しかし、このAroma Disc Player（アロマ･ディスク･プレーヤー）は、「香りのレコード」をフロッピーディスクのように挿入して室内に香りを拡散させるもので、時の試練に耐えたとは言いがたい。プレーヤー内で芳香ディスクに熱を加え、その香りを内蔵の小型ファンが拡散する。別売りで各種のディスクがあり、「1ダースの薔薇」、「誘惑」、「映画のひとときき（バター味のポップコーンの匂い）」などのフレグランスがある。当時、発売後の売上は好調で、続くAromance 2100（アロマンス2100）では、香りの強さをユーザーが調整できるようになった。

Aromance™
Aroma Disc
Player™
FRAGRANCE
RECORD
DIFFUSER

La Chocolatière

ショコラティエ
カロー | Model No. 2350.02
フランス、1985年

カローが1985年に発売したホットチョコレートメーカーは、ひとつの使い道に特化したマシンとして、実に洗練されたデザインである。基部はコルクの薄い層で覆われていて、その内部に加熱装置が収められている。後に販売されたモデルは、コルクではなく、シンプルな白いプラスチックの基部になった。容器にミルクを入れて、砕いたチョコレートとともに温める。そうすると、パッケージの表現によれば、昔ながらの滑らかなホットチョコレートができあがる。ユーザー向けにチョコレート味の各種レシピを紹介した冊子も付いていた。

calor

pour faire un authentique chocolat à l'ancienne, onctueux et mousseux à partir de chocolat en morceaux.

ne nécessite aucune surveillance: le lait ne peut pas déborder.

un appareil astucieux et plein d'idées: livré avec un livre de recettes complet.

la chocolatière calor

Simple à utiliser: le bol de préparation est déjà gradué.

S'utilise avec tous les types de lait et de chocolat.

Un chocolat mousseux et onctueux obtenu grâce à un système de jets de vapeur.

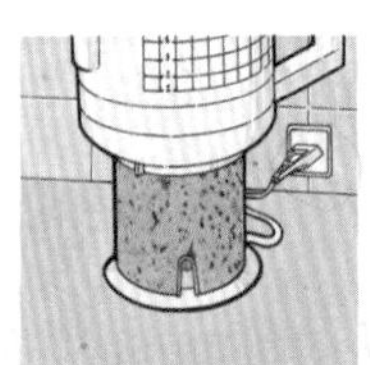

Parfaite sécurité: témoin lumineux de branchement.

Entretien pratique: bol de préparation séparé de la base.

Livrée avec un livre de recettes gourmandes.

la chocolatière
calor

Bimbo

ビンボ
ロウェンタ | Model No. KG-39
ドイツ、1983年

1980年代初期にロウェンタは、母乳、粉ミルク、離乳食の温めかたについて、プラスチックのゾウの姿で答えを示した。円筒形の部分にガラス容器を入れるというシンプルなもので、細長い瓶にも広口瓶にも使える。ゾウの鼻にある丸いダイヤルで、温度を調整できる。かわいらしいこの製品のデザインは、コーヒーカップからトラックまであらゆるものを手がけたドイツのインダストリアルデザイナー、ルイジ・コラーニによると一般にみなされる。だが、ドイツのドレスデンでバーント・ディーフェンバッハがデザインした、ゾウの貯金箱、Drumbo(デュロンボ)にそっくりなのは一目瞭然で、そちらに由来すると考えられる。

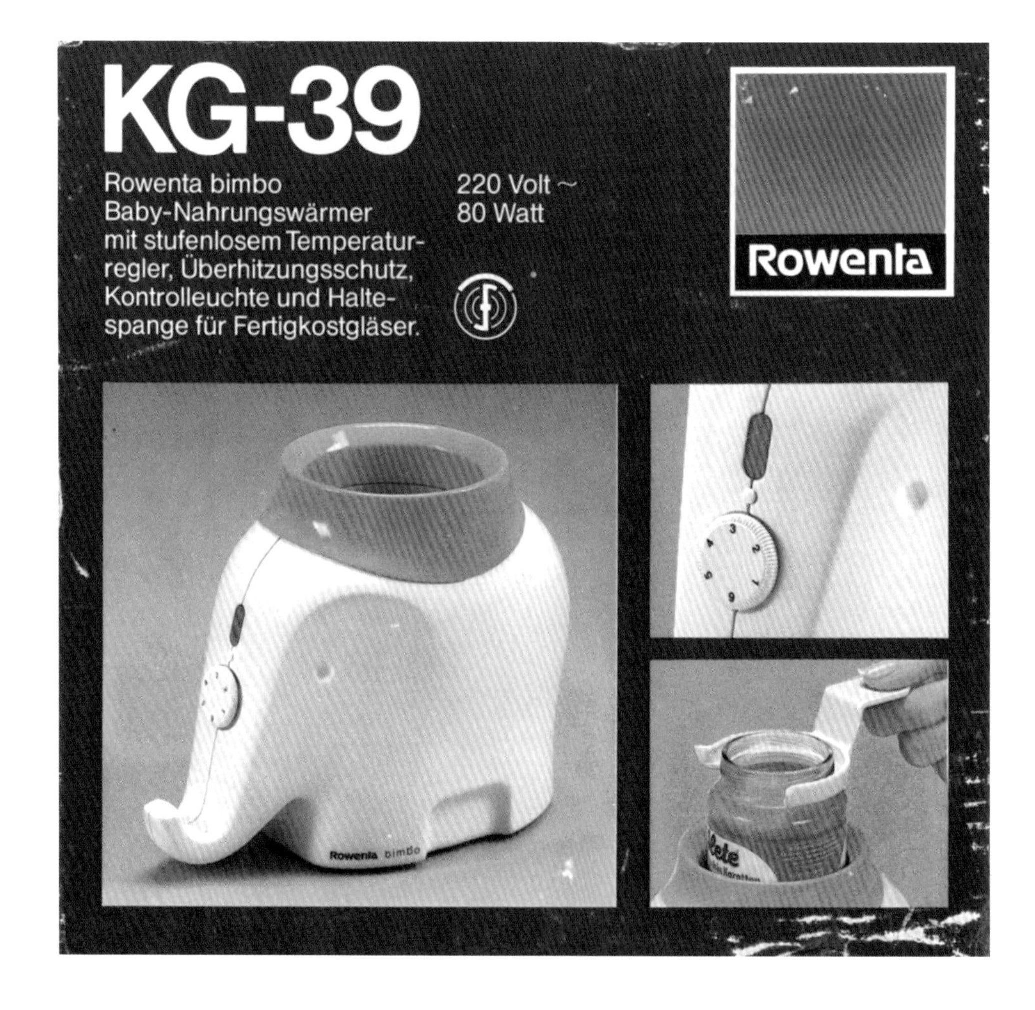

Rowenta bimbo

HotTopper

ホットトッパー
プレスト | Model No. 3000
香港、1986年

1970〜80年代のキッチン機器の優れた点は、こちらが気づきもしなかった問題まで解決してくれることだろう。その好例が、HotTopper（ホットトッパー）である。まず、中の容器部分にチョコレートやバターを入れて溶かしたり、シロップやソースを入れて温めたりする。そして、取り付けたアタッチメントで、食べるものの上にトッピングとして、スプレーする、塗る、注ぎかけることができるのだ。溶かしバターをポップコーンにスプレーするのにぴったりで、パンケーキにかけるシロップにも、肉に塗るバーベーキューソースにも適している。この製品は大当たりで、10年以上市場に出回っていた。数年後には、電子レンジ対応でデザインも新しく生まれ変わった後継モデルが発売された。

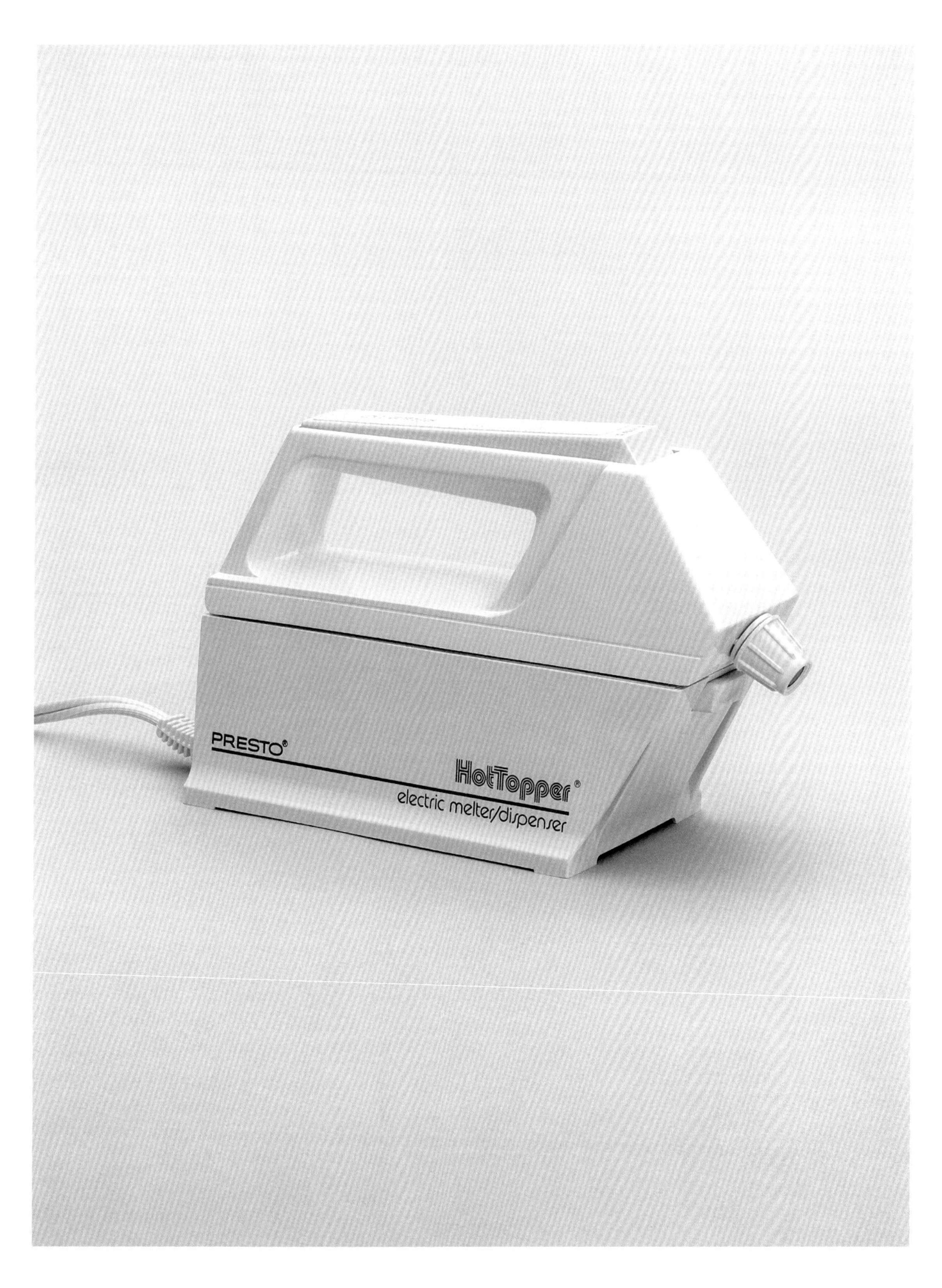
PRESTO®
HotTopper®
electric melter/dispenser

パッケージには「ご使用後は毎回洗う必要はなく、残ったトッピングはそのまま冷蔵庫に入れておき、繰り返し使えます」とあり、プレスト社は、トッピングの種類ごとにHotTopper（ホットトッパー）をいくつも買わせたいらしい

■ Automatically melts butter or margarine...heats syrup and other great toppings, too.
■ Easy, thumb-action pump sprays, streams or brushes delicious hot toppings on your favorite foods.
■ Cord removes for extra convenience. Use it right at the table, counter or grill as a cordless appliance.
■ No need to clean after each use. Leave unused toppings right in the unit and store in the refrigerator to use again and again.
■ Completely immersible for quick and easy cleaning.

Sprays evenly for perfect hot-buttered popcorn.

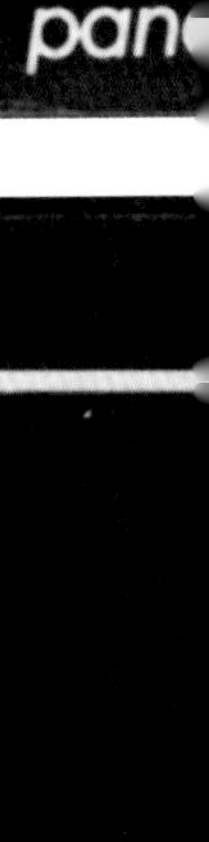

butter and syrup on
vaffles.

Brushes hot butter for delicious
corn-on-the-cob.

utter for super
ed potatoes.

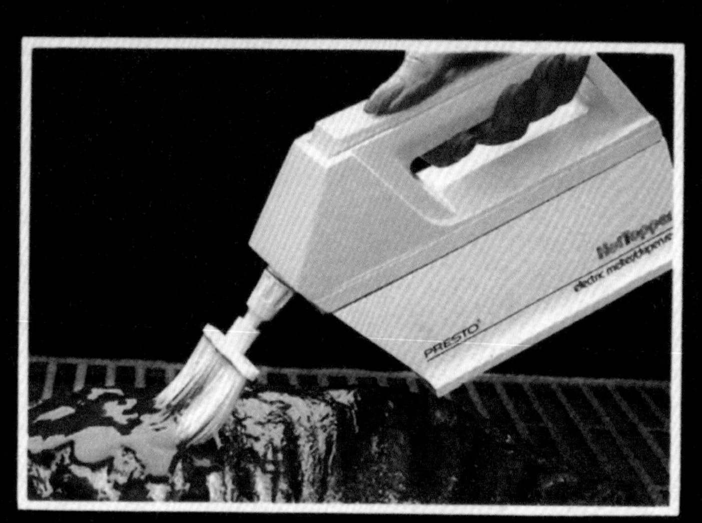

Brushes for easy barbecuing with-
out all the mess.

Chefette de-Luxe

シェフェット・ドゥ・リュクス
ケンウッド | Model No. A 380
英国、1981年

この英国製の製品は、ロンドンの名建築、バービカンエステート内の空間に置いても馴染みそうな風格であり、優れもののケーキミキサーだ。1台2役のマシンで、まずは、透明なプラスチック容器内で卵とバターを混ぜ合わせるスタンドミキサーとして使えて、さらには、そのモーター部分を外して垂直に立て、もうひとつの細長い容器を上に取り付ければ、0.5リットルのブレンダーになる。1980年代のモダニストの美学が、八角形を取り入れたかたちと、パッケージにわざわざ「カントリーベージュとブラウンの新色」と謳った配色に、顕著に表れている。また、基台から外して、ハンドミキサーとして使える点も便利である。

KENWOOD CHEFETTE
LITRES

Aroma Art

アロマ・アート
メリタ | Model No. 9040
ドイツ、1984年

一見したところ、奇想天外な科学者（マッドサイエンティスト）の実験室の機器なのか、ドイツの家庭のキッチンにあるものなのか、判然としない。この形状は、家庭における完璧なコーヒー抽出を究める科学的なアプローチの表れであり、パッケージの「独自の温度調節テクノロジーにもとづくデザイン」という宣伝文句からも、その姿勢は明らかだ。全体の構成としては、3つの球状の部分の組み合わせから成り、給水タンクは、赤と白の魚釣りで使う浮きのようなもので水位を示している。ドイツでインダストリアルデザインを担うOCOデザインスタジオによる、80年代のモダンデザインであり、ホワイトの他にレッドとピンクの製品も販売された。

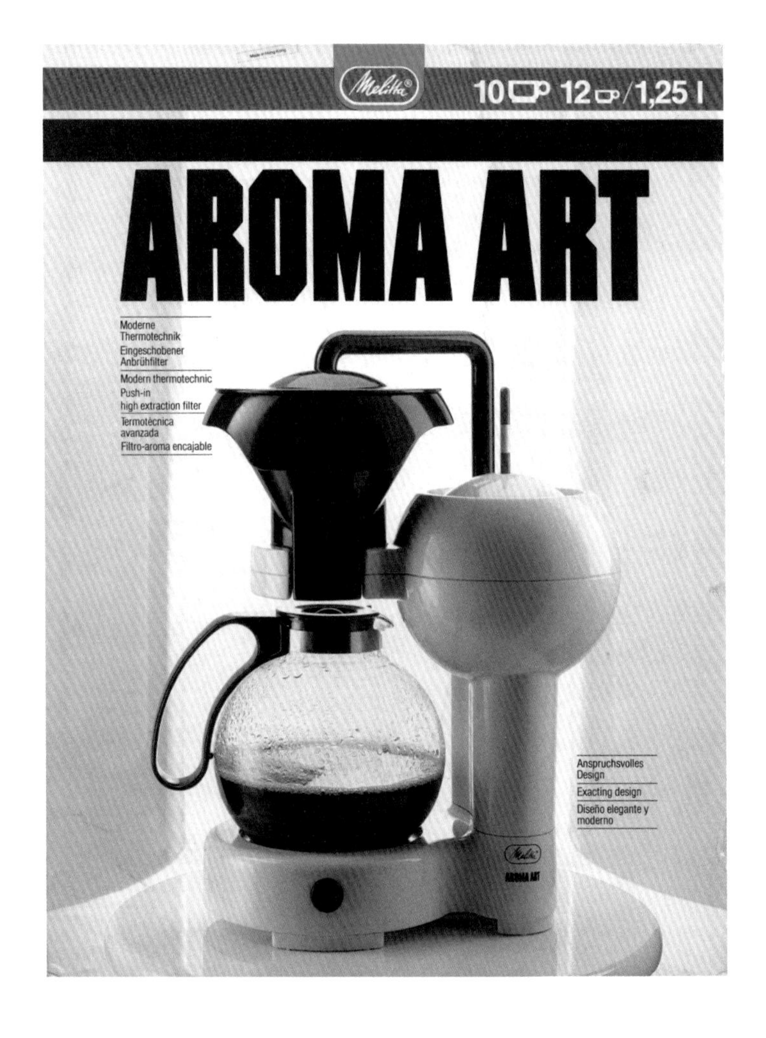

Melitta®
AROMA ART
10

Turbo Jet 1205

ターボ・ジェット 1205
フィリップス | Model No. HP 4125
ドイツ、1977年

最高級ヘアドライヤーとされるこの製品は、航空エンジンに由来する名のとおり、最大限のパワーをユーザーに提供する。ピーター・ナーゲルケルケによるスタイリッシュなデザインで、目新しいマスタードイエローのプラスチックに、吸気口の円形部の黒色が映える。フィリップスが2年前に本拠地オランダ以外で製品開発した、イタリア向けのSuperphön（ズーパーフーン）と、共通する点がある。このTurbo Jet 1205（ターボ・ジェット 1205）は、吹き出し口に付けるスタイリング用の黒いノズルと、ドライヤーを立てかけるスタンドが同梱されている。このスタンドは、片付けなくても目に留まるよう出しておける、この製品の見映えの良さを主張している。

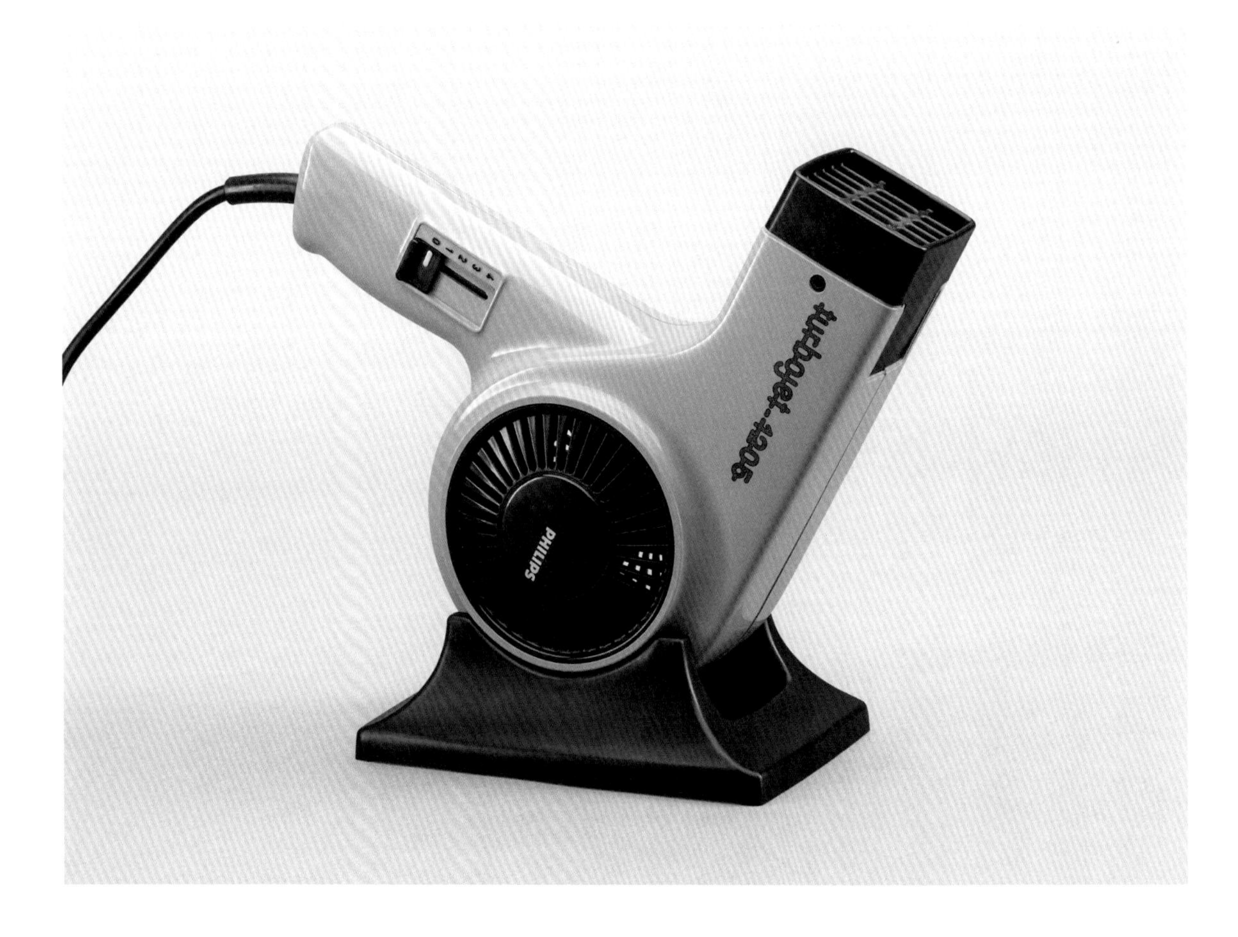

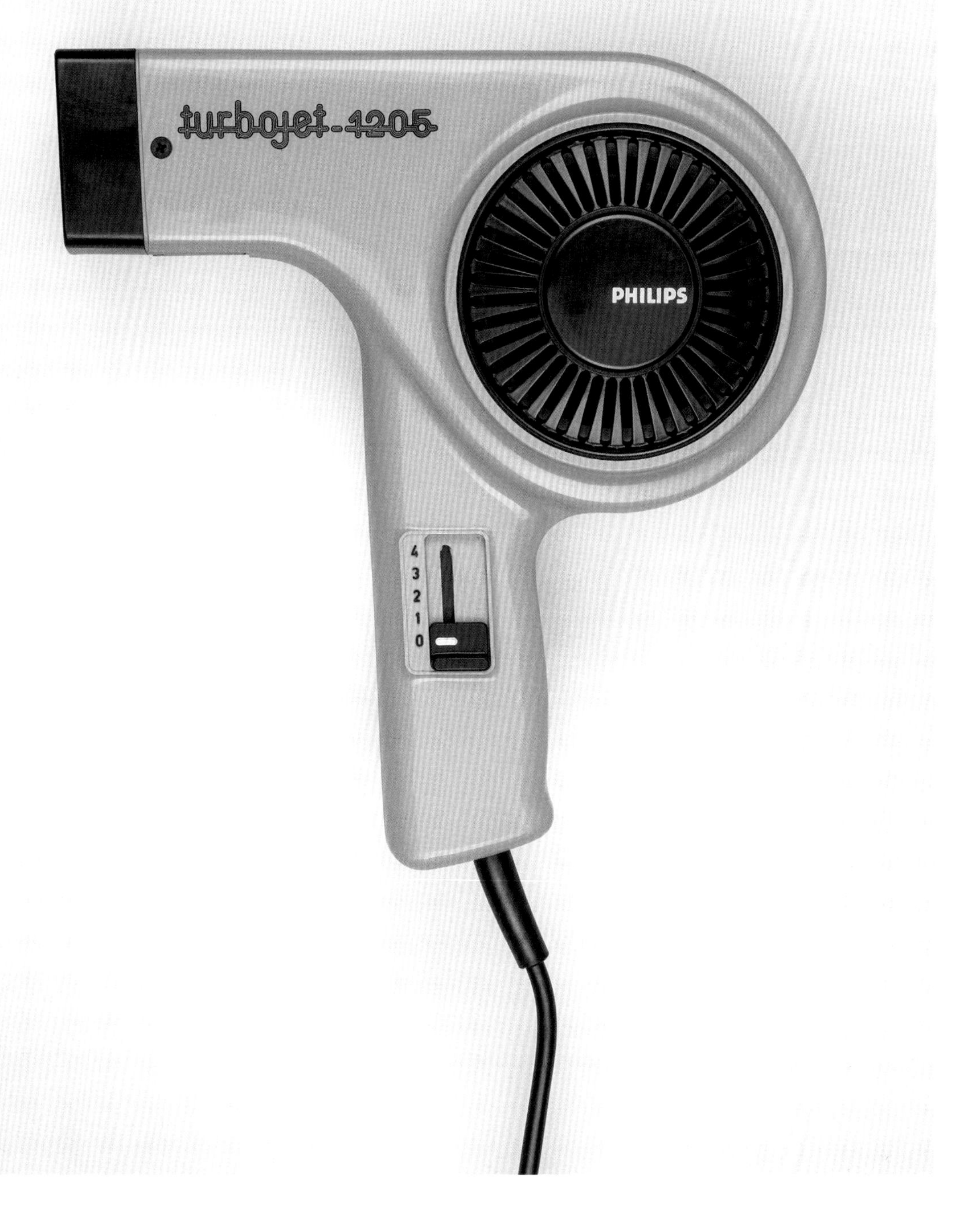
turbojet-1205
PHILIPS
4
3
2
1
0

1970年代のフィリップスのパッケージは、広告写真で有名なクリストファー・ジョイスが、英国ロンドンのスタジオで撮影したものが多い。パッケージのデザインはヘンク・ジャン・ドレンセン

PHILIPS

Hairdrier 1200W.

perature settings
speeds
pératures-réglables
sses
peraturstufen
geschwindigkeiten
mtestanden
tsnelheden

fast drying time
sèchage rapide
schnelle Trocknung
snelle droogtijd

lightweight
poid léger
Leichtgewicht
lichtgewicht

low noise level
peu bruyant
extrem leise
laag geluidsniveau

Plus 400

プラス 400
フィリップス | Model No. HR 2986
オランダ、1980年

先の1977年にリリースされた、フィリップス初の調理家電、HR 2970は、開発に3年を要した。年月をかけたかいあって、フィリップスの小型家電部門のなかでも人気を誇る商品となり、欧州各地で販売台数が伸びた。その後継が、ここに掲載した1980年の製品、Plus 400(プラス 400)であり、オリジナルにわずかに手を加えたにすぎない。ハンス・エルカーバウトがデザインしたこの製品は、アーム部の角度を変えられるので、アタッチメントの交換もボールの設置も楽だ。このPlus 400は、先のオリジナル製品のアタッチメントも使えるという互換性を備えており、その後も長く1990年代半ばに至るまで販売が続いた。

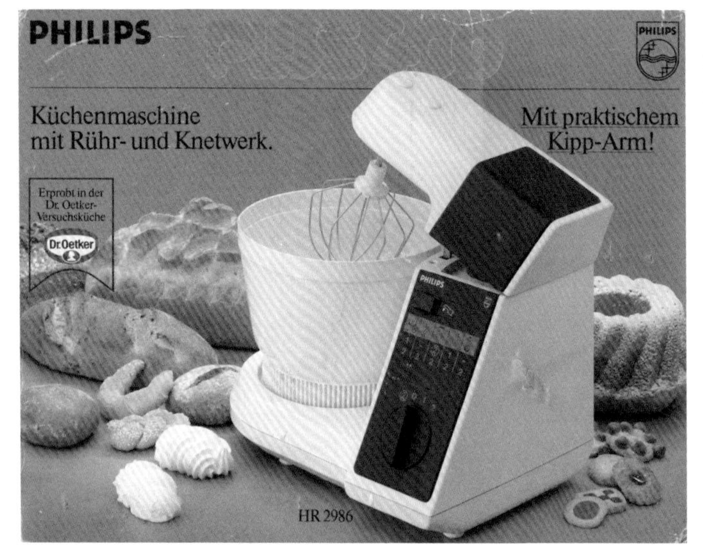

PHILIPS

BOX 2

ボックス 2
フィリップス | Model No. HR 2010
オランダ、1983年

BOX 2（ボックス 2）は、キッチン家電の変形ロボット(トランスフォーマー)と呼んでよい。各種の付属品とその組み合わせ次第で、スタンドミキサーのかたちに広げることもできるし、パーツを組み替えればハンドミキサーにもなる。こうしたいくつかの機能は、いずれもモーターを内蔵した中核部を活用して展開する。この組み替えのおもしろさを特徴とするBOXシリーズは、ハンス・エルカーバウトによるデザインで、セットの部品の種類によっていくつかバリエーションがあるが、いずれも自在に変形できる点に力を入れている。たとえばBOX 2より部品が多いBOX 7（ボックス 7）は、それ1台で、スタンドミキサー、ミンサー（肉挽き器）、電動ピーラーのほか、コーヒーグラインダーとしても使うことができ、各部品を収納する専用キャビネットも付いていた。残念ながら、こうしたBOXシリーズは、制作者側が期待したような商業的成功は得られず、1年で製造中止になった。

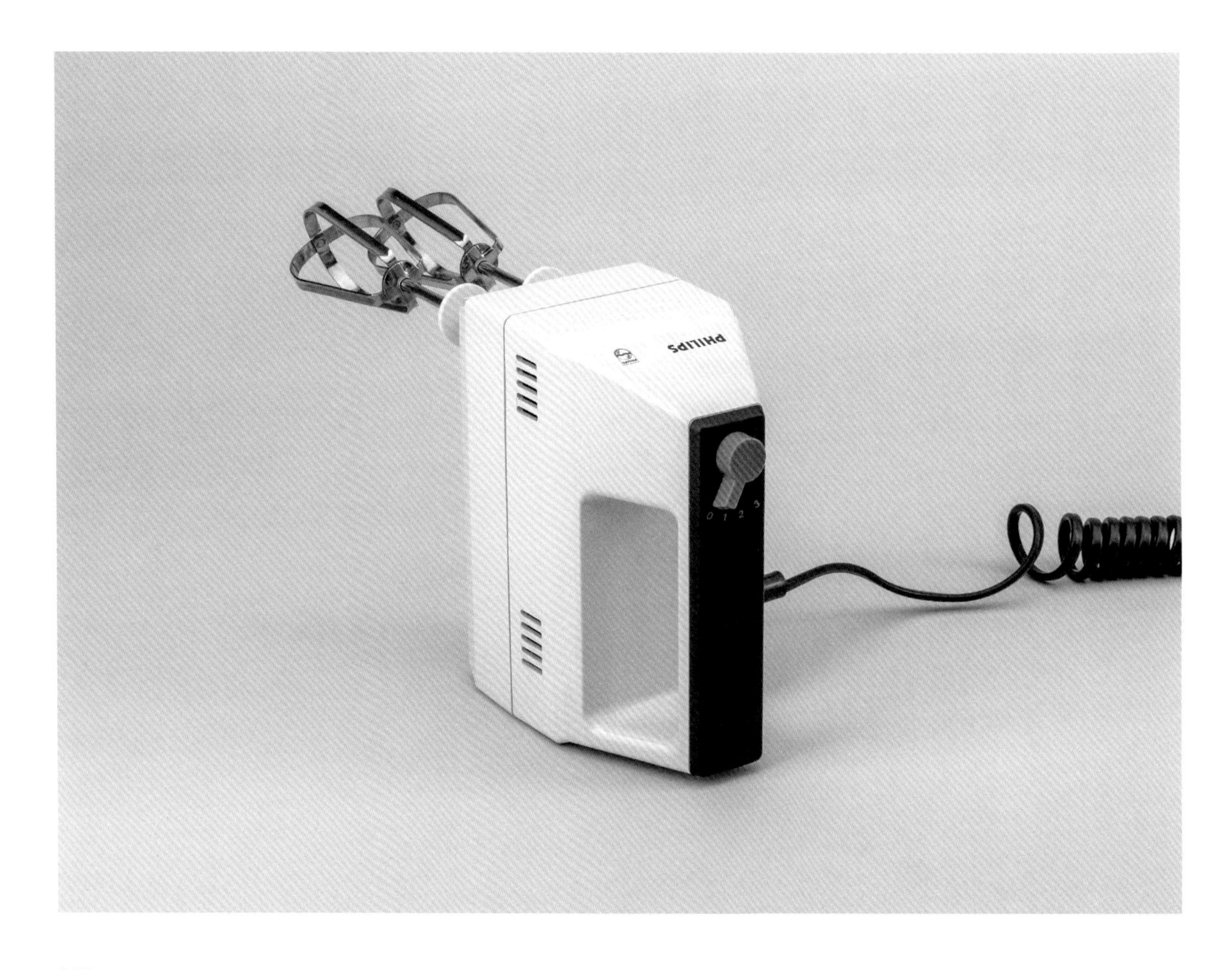

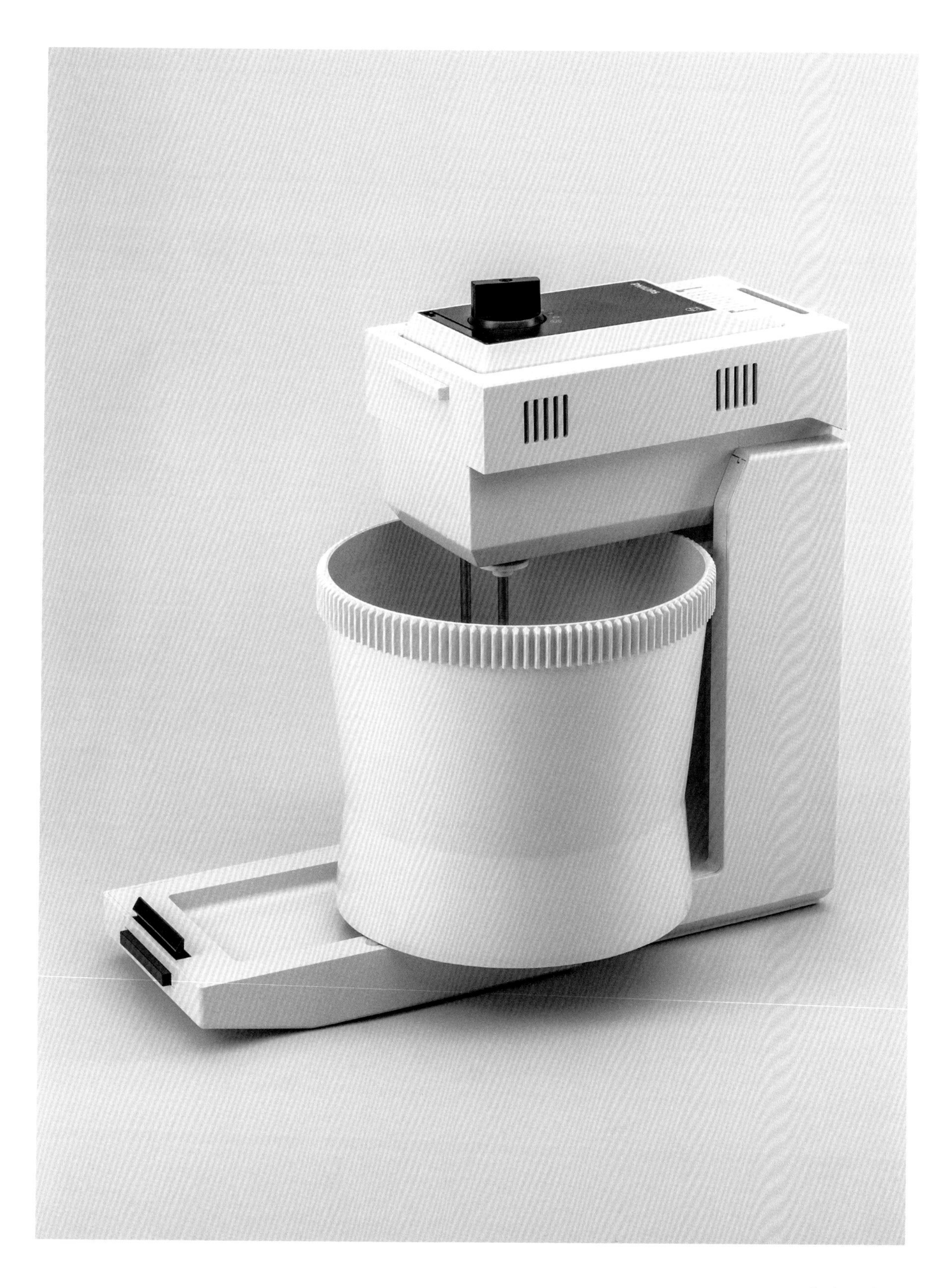

パッケージのデザインは、1970年代の黒を基調としたものから、1980年代の白い箱へ切り替わったところで、フィリップスのロゴがはっきりしている。デザインは、カール・クノフラッチ

HR 2010

BOX 2

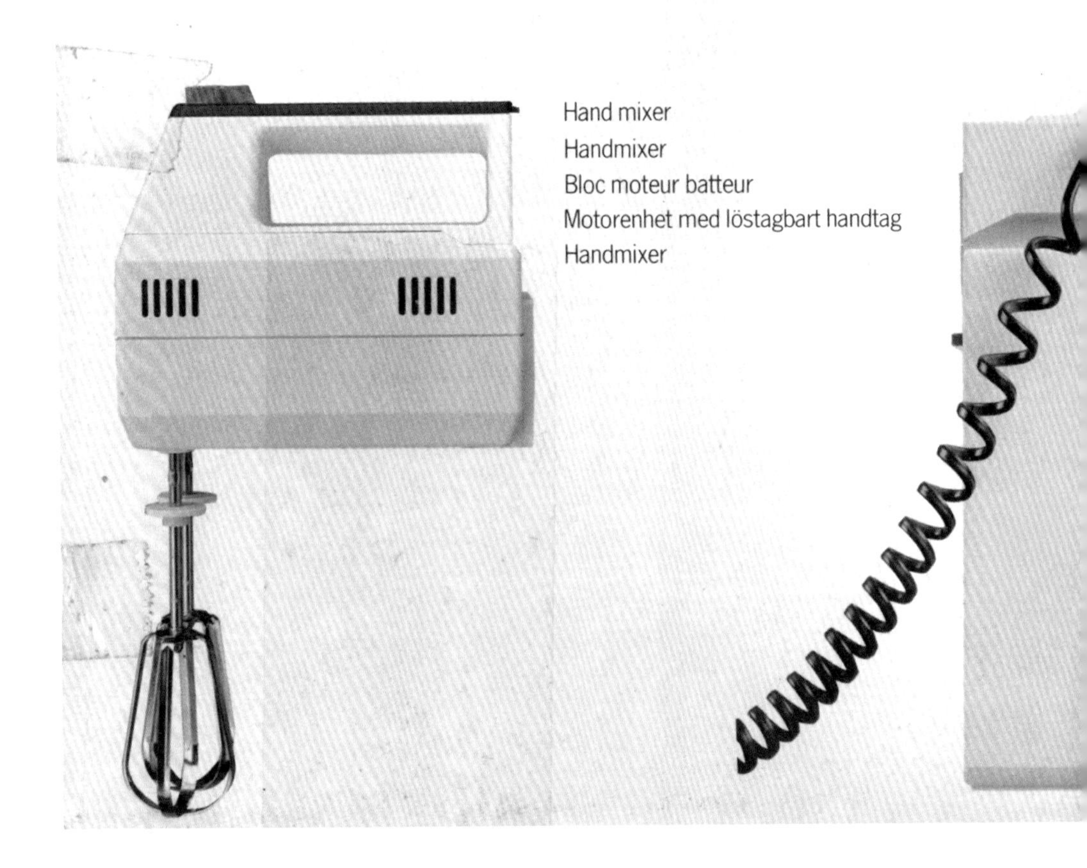

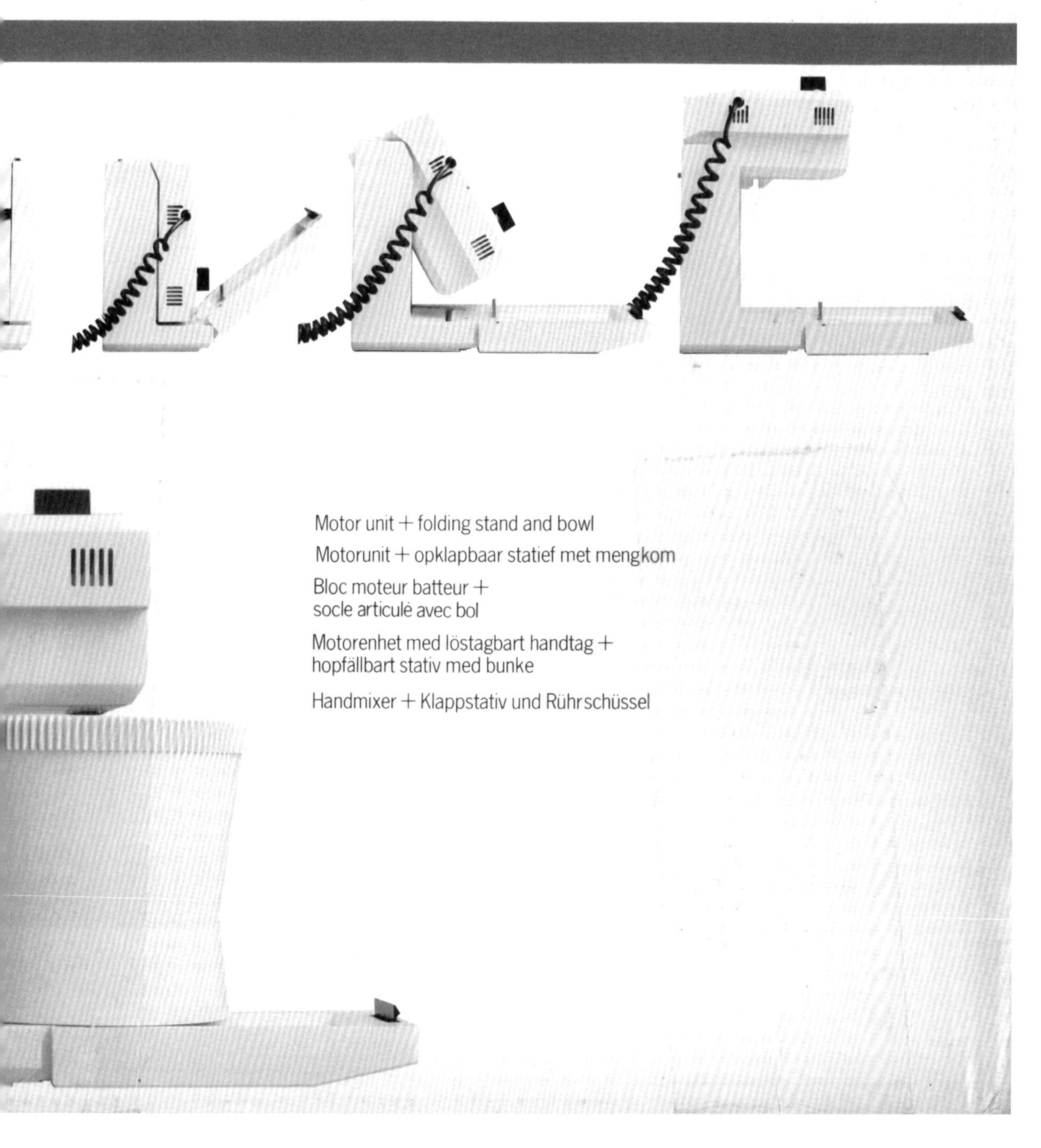
PHILIPS
Fabriqué en Hollande
Motor unit + folding stand and bowl
Motorunit + opklapbaar statief met mengkom
Bloc moteur batteur +
socle articulé avec bol
Motorenhet med löstagbart handtag +
hopfällbart stativ med bunke
Handmixer + Klappstativ und Rührschüssel

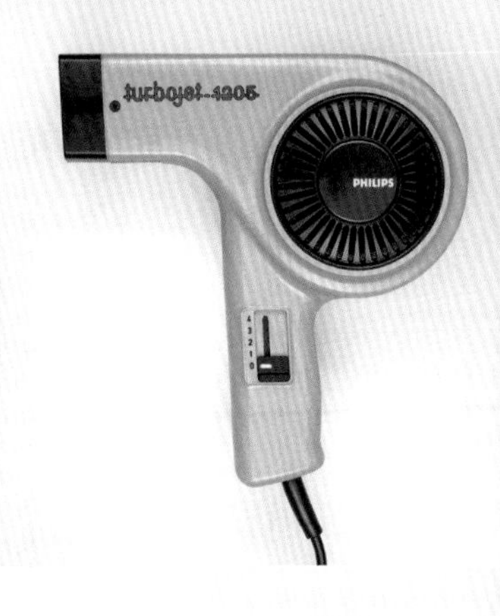

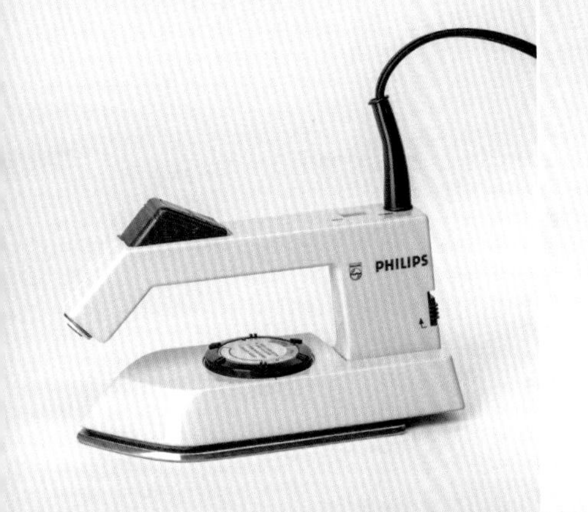

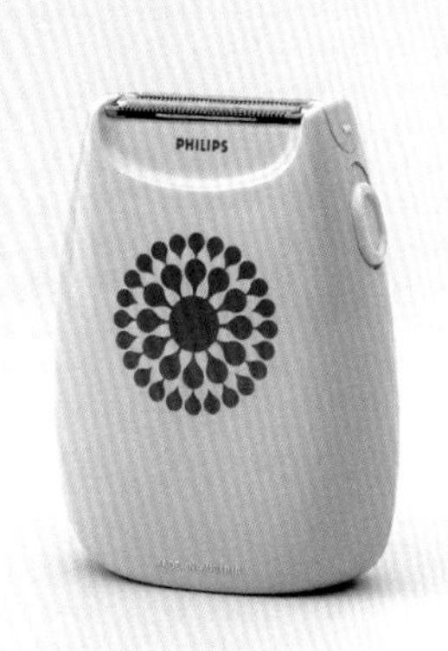

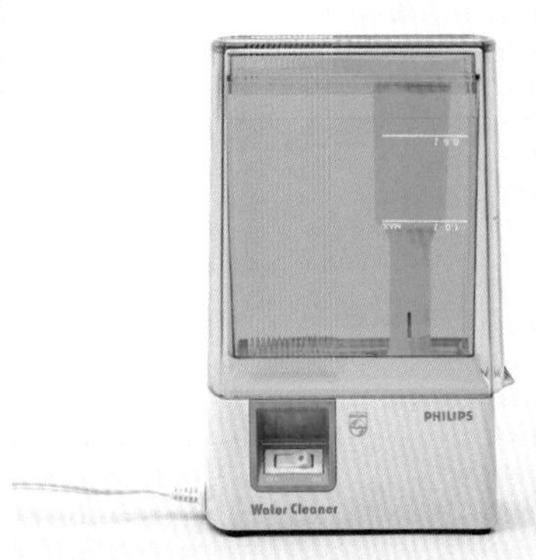

電球から始まった、その時々の閃き。
家電製品からデジタルテクノロジーまで、
最先端のイノベーションの歴史を刻む、オランダ生まれの企業。

Philips フィリップス

1935年にパリの科学技術博物館の"美の殿堂(Palais de la Découverte)"で開催された、"無線通信技術展示会(Salon de la TSF)"に出展したフィリップス

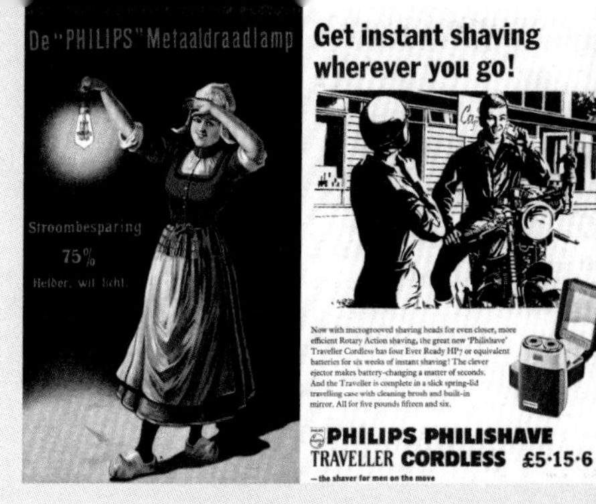

フィリップスによる目眩い電球の広告、1925年。
および、コードレスシェーバーの宣伝、1967年

オランダを本拠地とする企業、フィリップスの物語は、イノベーションに次ぐイノベーションと、独創的な閃きの連続である。初めて白熱電球を完成させたトーマス・エジソンに感化され、当時、科学と工学に熱中していた若きヘラルド・フィリップスは、父に購入してもらったアイントホーフェンの小区画に自分の電球工場を設立した。1891年に事業を開始し、Philips & Co(フィリップス・アンド・コー)が誕生した。

工場が急成長をとげたのは、高度な産業化に加えて、ロシア皇帝ニコライ2世と結んだ歴史に残る契約のおかげである。1912年に、サンクトペテルブルクの冬の宮殿用に多量の電球の注文を受けたのだ。1914年にフィリップスは、名高いNatLab(物理学研究所)を開設した。新たな製品領域の調査・開発を担う物理学の研究施設であり、驚きをもって迎えられた。

1920年代までに、フィリップスはラジオ部品の製造をスタートさせ、ほどなくデザインにも力をいれるようになった。背景として、フィリップスがMarconi UK(マルコーニUK)とRadio Holland(ラジオ・ホランド)とともに1918年に共同設立した、トランスミッター(送信機)の製造会社、Nederlandsche Seintoestellen Fabriek(オランダ・シグナル・ファクトリー)との緊密な連携があった。こうした状況を通じて、フィリップスは自社のラジオ製造に乗り出したのだ。この挑戦は、1924年に、フィリップス独自の宣伝広告とブランド化を統括するデザイナーとして、ルイス・カルフが就任したことで勢いづいた。

1939年、フィリップスは画期的な回転式電動シェーバーを、Philishave(フィルシェイブ)の名で発表した。滑らかに剃れる人間工学(エルゴノミクス)にもとづいた機器で、すぐに大当たりとなり、長く成功が続く。今日では、発売以来、毎時平均700台のPhilishaveを販売してきたと、フィリップスは自負している。

第二次世界大戦後、フィリップスは、その創意工夫の気風を保ちつつ、テレビの広がりに乗じて、1949年には独自のTVセットを発表した。1954年までには社内デザインチームが発足し、しゃれた照明器具、シェーバー、ラジオ、レコードプレーヤー、その他の製品の発売を、順調に続けた。

1960年、このブランドは、インダストリアルデザイン事務所を開設した。当時のポップカルチャーの台頭と消費者の購買力の高まりに呼応して、自社の最先端のテクノロジーを人々の手に届きやすいものにする取り組みだった。1963年に開発した、初の小型カセットプレーヤー(レコーダー)は、それ以降のテープ録音の標準となる新たな技術だった。(キース・リチャーズが自分のフィリップス製レコーダーにリフを録音して、ローリング・ストーンズの「サティスファクション」が生まれた、という有名な話がある)。その後すぐに、ビデオプレーヤー、ビデオレコーダーが続いた。一方で、フィリップスのキッチン家電も、ブランドを「the friend of the family(家族の友)」として売りこむ広告により、家庭での人気が急上昇していた。

1969年、ノルウェーのアーティストでデザイナーの、クヌート・イェランがフィリップスのインダストリアルデザイン部門のトップに就任し、ブランドとして一貫性のあるアイデンティティの創出を担った。なかでも、価格を抑えた質の高いデザインと、美しく魅力的なパッケージが、改めて重視された。彼のアプローチはフィリップスの多くの新製品に顕著であり、色づかいを工夫した1977年発売のオールプラスチック電気掃除機や、すっきりと誰もが使いやすいデザインで発売直後から高評価を得た、フィリップス初のフードプロセッサー、HR 2670(1977年)が好例である。

1980年代には、米国のインダストリアルデザイナー、ロバート・ブレイチが、イェランの後継となり、すべての製品部門についてデザイン戦略の統一化を進めた。それまでブレイチは、ニューヨークの国連本部の固定座席のデザインなど、内装を担う建築家だった。フィリップスの製品は外観と機能の両面において企業理念を表すべきだ、とブレイチは考え、人間工学(エルゴノミクス)、安全性、実用性、効率性に重きを置いた。

80年代を通じてフィリップスは、消費者向けのデジタルテクノロジーが登場する道を切り拓いていった。光通信システムを考案するとともに、1969年に始めたソニーとの共同事業として、1982年に初のCDプレーヤーを世に出した。また一方で、当時のフィリップスは、家電やパーソナルケア製品の分野でも主要な地位を保ちつづけていた。

その後の数十年、この大企業は拡大、開発、進化を続け、やがて2013年には、ヘルスケアとパーソナルケア製品を主力とする方向に舵を切っている。

Cafe Gourmet

カフェ·グルメ
フィリップス | Model No. HD 5560
ポルトガル、1988年

コーヒーメーカーの新たな地平を開いたこのマシンは、コーヒー抽出に最適な独自のメソッドを追求した。要は、抽出に理想的な温度とされる摂氏93度(華氏199度)に湯を沸かすのである。高さのあるデザインは、通常、キッチンキャビネットの棚下のカウンターに置くコーヒーメーカーには、似つかわしくない。この問題を、Cafe Gourmet(カフェ·グルメ)は巧みなマーケティングでかわした。ポータブルなマシンであり、プラグを抜いてキッチンからリビングルームに持って行ってもコーヒーを保温できると宣伝したのである。こうした型破りな発想から、デザイナー、ルー·ビーレンによる自由な設計のコーヒーメーカーが生まれ、1991年のiFデザインアワード受賞など高い評価につながった。

PHILIPS
Café gourmet
2 - min - 2

Café Duo

カフェ・デュオ
フィリップス | Model No. HD 5171
オランダ、1983年

Café Duo（カフェ・デュオ）は、フィリップスの一連のコーヒーメーカーの開発において、画期を成す製品だ。1980年代初期にアリスター・ジャックがデザインし、その後、数々のデザインのひな型として、長年にわたり微調整や改良が加えられた。実際に、このCafé Duoのデザインを継承する製品が、2020年代になっても店頭に並んでいる。他の8〜12杯用のフィルター式コーヒーメーカーと違い、Café Duoは一度に1〜2杯分だけ抽出するコンパクトなマシンである。これは消費者のライフスタイルの変化を反映しており、家族向けサイズの家電を必要としない、ひとり暮らしの忙しい専門職を想定した製品だった。

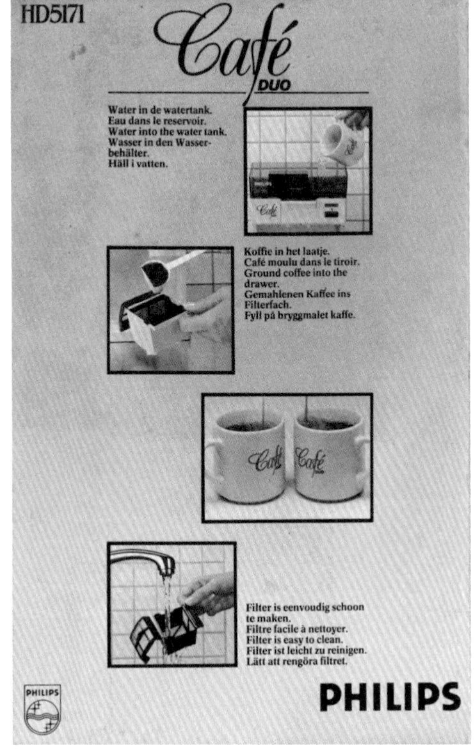

PHILIPS
PHILIPS
Café
DUO
Café
DUO
Café
DUO

Aromaster 10 Control S

アロマスター 10 コントロール S
ブラウン | Model No. KF 90
ドイツ、1986年

これは、1980年代を通じてブラウンのコーヒーメーカーの原型だった類似の製品、1984年のAromaster（アロマスター）KF 40のデラックス版であり、どちらもハートウィッグ・カルケによるデザインである。他のドリップコーヒーメーカーと異なり、この製品は、ガラスのサーバーではなく保温性のあるプラスチックのコーヒーポットを取り入れた。その結果、白いプラスチックのすっきりとした外観が生まれている。欠点は、給水タンクの目盛りが内側にしか記されていないため、水量がわかりにくいことだ。また、特徴として、液晶ディスプレイ（LCD）が点灯するデジタル時計とタイマー機能が備わっている。

Aromaster

アロマスター
ブラウン | Model No. KF 43
ドイツ、1990年

　この1990年のAromaster（アロマスター）KF 43は、既に30年以上販売されているので、見たことがあるだろう。1984年のAromaster（アロマスター）KF 40を継承しながら、技術的な改良を加えており、特に蓋の部分のつくりが変わった。コーヒーサーバーが蒸気を逃さないデザインになったので、より香り高い抽出ができるのだ。また、ドリップ・ストッパーの機能も備わっているし、容量はたっぷり15杯分あるうえ、フィルターを収めている部分がドアのように回転軸を中心に開くので扱いやすい。向かって右側には、透明なプラスチックの水位窓があり、赤玉が浮いていて、先のKF 90よりも水量がわかりやすくなっている。

Ovomat Trio

オヴォマート・トリオ
クルプス | Model No. 234
ドイツ、1983年

1983年までにクルプスは既に、高品質で優れたデザインのエッグボイラーを発売していた。そして、先行モデルを小型化した卵3個用のOvomat Trio(オヴォマート・トリオ)によって、デザイナーのハンス＝ユルゲン・プレヒトは、一度に6〜7個ゆでる必要がない人もいるという、かねてからの問題を解決した。卵の数が少ないということは、生産のための材料も少量ですみ、キッチンでも場所を取らない。サイズが小さいので、キッチンキャビネットのすきまに入るし、出しておいても目立たない。電源コードも、底の部分に巻きつけられるつくりである。

KRUPS

Index　著作権・出典

以下のその他の図版に特記したものを除き、
すべての製品写真の撮影は**Studio Sucrow（スタジオ・スークロウ）**、
パッケージのスキャンは**ジェロ・ジーレンス**による。

すべての商号、商標、標識、ロゴ、デザインは、
以下の法人（もしくは法定相続人）に帰属する。

AEG（アーエーゲー）：**Electrolux AB**
Aromance（アロマンス）：**Environmental Fragrance Technologies、Ltd.**
Black & Decker（ブラック・アンド・デッカー）：**Stanley Black & Decker Inc.**
Bosch（ボッシュ）：**Robert Bosch Hausgeräte GmbH**
Braun（ブラウン）：**BRAUN P&G／Braun Archiv Kronberg**
Calor（カロー）、Krups（クルプス）、Moulinex（ムリネックス）、
Rowenta（ロウェンタ）、SEB（セブ）、Tefal（ティファール）：
Groupe SEB Deutschland GmbH
Emide（エミーデ）：**EMIDE Germany GmbH**
ESGE（エスゲー）：**Unold AG**
General Electric（ゼネラル・エレクトリック）：**GE Appliances**
Gillette（ジレット）：**P&G**
Girmi（ジルミ）：**Girmi SpA**
ITT（イー・テ・テ）：**Thales Group**
Melitta（メリタ）：**Melitta Unternehmensgruppe**
Kenwood（ケンウッド）：**De'Longhi Group**
National（ナショナル）：**Panasonic Corporation**
Philips（フィリップス）：**Koninklijke Philips N.V.**
Presto（プレスト）：**National Presto Industries、Inc.**
SHG（エスハーゲー）：**SHG Vertriebsgesellschaft für Hausgeräte mbH**
Toshiba（東芝）：**Toshiba Corporation**

その他の図版

[裏表紙・左上]Pictorial Press Ltd／Alamy、[p.5]Found Image Holdings／getty images、[pp.7・13 左上]Archive Photos／getty images、[p.8]H. Armstrong Roberts／ClassicStock／getty images、[pp.9・12 右上・14 左下・56]Retro AdArchives／Alamy Stock Photo、[p.10 左上]Martyn Goddard／Alamy Stock Photo、[p.10 右上]Sunbeam Vista Steam Iron Owners Manual User Guide、[p.10 中央]www.faema.com、[p.10 左下]Picture Post／Hulton Archive／getty images、[p.10 右下]George Crouter／The Denver Post／getty images、[p.11 左上]Mondadori Portfolio／getty images、[p.11 上中央]Dennis Hallinan／getty images、[p.11 右上]Thomas Drebusch、[p.11 左下]Koninklijke Philips N.V.、[p.12中央]Apic／getty images、[pp.12 左下・13 上中央]Suzanne FOURNIER／getty images、[p.12 右下]David Cooper／Toronto Star／getty images、[p.13左下]Stevens／Fairfax Media／getty images、[p.13右下]www.singer.com、[p.15上中央]Terry Schmitt／UPI／Alamy Stock Photo、[p.32]H. Armstrong Roberts／ClassicStock／Alamy Stock Photo、[pp.33左・34]Neil Baylis／Alamy Stock Photo、[p.33右]Patti McConville／Alamy Stock Photo、[p.35]PHOTO MEDIA／ClassicStock／Alamy Stock Photo、[p.36]Worldwide Photography／Heritage Image Partnership Ltd／Alamy Stock Photo、[p.37]Pictorial Press Ltd／Alamy Stock Photo、[p.52]Ewing Galloway／Alamy Stock Photo、[p.53]STOCKFOLIO®／Alamy Stock Photo、[p.54]Helmut Meyer zur Capellen／imageBROKER／Alamy Stock Photo、[p.55]L. Banner／ClassicStock／Alamy Stock Photo、[p.57]Slim Plantagenate／Alamy Stock Photo、[p.75左]Martyn Goddard／getty images、[p.75右]Bettmann／getty images、[p.127左]Apic／getty images、[p.127右]Jean-Louis SWINERS／getty images、[p.153左]Fairfax Media Archives／getty images、[p.153右]Paolo KOCH／getty images、[p.194]Hager fotografie／Alamy Stock Photo、[p.195]M&N／Alamy Stock Photo、[p.196]Patti McConville／Alamy Stock Photo、[p.197]Elizabeth Whiting & Associates／Alamy Stock Photo、[p.198]Paul White 1980s Britain／Alamy Stock Photo、[p.199]Jean-Claude Francolon／Gamma-Rapho／getty images、[p.245左]Keystone-France／getty images、[p.245中央]Universal History Archive／getty images、[p.245右]Tony Henshaw／Alamy Stock Photo

謝辞

共同編者のジェロ・ジーレンスより、以下の諸氏にお礼申し上げる。

アラン・パーマー、アリスター・ジャック、ボストン・ジーレンス、
クリスチャン・モルツ、ディヴィッド・フォーレ、グレゴー・ウィルダーマン、
ハンス・エルカーバウト、ヘンク・ジャン・ドレンセン、ジュリア・ダウクサ、
レオ・プティ、リナ・ギルデンスターン、ライザ・ジーレンス、
ロペツ・ジアンフリーダ、ルー・ビーレン、マルテイン・コーク、
マルティーナ・エティ、ノーベルト・ハマー、ピーター・シュトゥト、
ルネ・スコーンデン、ルイヨー・シュー、サイモン・ハマー、
シータ・パルモサ、ティル・クロイツァー、トバイアス・サター

今は亡き
M.J. ジーレンス
ヨハン・ストーテン
リリアン・ファン・ステクレンバーグをしのんで。

ジェロ・ジーレンス

オランダのヴィンテージコレクターとして、家庭向け電気製品や電子ゲーム機を収集。1200箱を越える小型家電のコレクションがある。オンライン広告やウェブサイトを制作するデザイナーとしても、25年間活動を継続。最初の書籍として、1970〜80年代の携帯型や据え置き型のゲーム機などを取り上げた、『Electronic Plastic（エレクトロニック・プラスチック）』（gestalten社刊行）がある。
www.soft-electronics.com

'60s〜'80sのライフスタイルをのぞく
レトロ家電デザイン

2022年8月25日　初版第1刷発行
著者：ジェロ・ジーレンス（© Jaro Gielens）
発行者：西川正伸
発行所：株式会社 グラフィック社
〒102-0073 東京都千代田区九段北1-14-17
Phone：03-3263-4318　Fax：03-3263-5297
http：www.graphicsha.co.jp
振替：00130-6-114345

［制作スタッフ］
翻訳：海野桂
翻訳協力：株式会社トランネット
組版・カバーデザイン：岡田奈緒子（LampLighters Label）
編集：小林功二（LampLighters Label）
協力：小塩淳仁
制作・進行：豎山世奈（グラフィック社）

印刷・製本：図書印刷株式会社

ISBN 978-4-7661-3692-0 C0077
Printed in Japan

Original title: Soft Electronics
Conceived, edited and designed by gestalten
Edited by Robert Klanten, Elli Stühler, and Rosie Flanagan
Contributing editor: Jaro Gielens
Introduction by Alice Morby
Decade texts by Alice Morby
Brand texts by Daisy Woodward
Product texts by Elli Stühler, in collaboration with Jaro Gielens

The Japanese Edition is published in cooperation with Die Gestalten Verlag GmbH & Co. KG

This Japanese edition was produced and published in Japan in 2022 by Graphic-sha Publishing Co., Ltd.
1-14-17 Kudankita, Chiyodaku,
Tokyo 102-0073, Japan